Französische Bulldogge Training

Hundetraining für Deine Fran[illegible] Bulldogge

Wie Du durch gezieltes Hundetraining eine einzigartige Beziehung zu Deiner Französischen Bulldogge aufbaust

Expertengruppe Verlag

Die Inhalte dieses Buches wurden mit größter Sorgfalt erstellt. Für die Richtigkeit, Vollständigkeit und Aktualität der Inhalte kann jedoch keine Gewähr übernommen werden. Der Inhalt des Buches repräsentiert die persönliche Erfahrung und Meinung des Autors. Es wird keine juristische Verantwortung oder Haftung für Schäden übernommen, die durch kontraproduktive Ausübung oder durch Fehler des Lesers entstehen. Es kann auch keine Garantie auf Erfolg übernommen werden. Der Autor übernimmt daher keine Verantwortung für das Nicht-Gelingen der im Buch beschriebenen Methoden.

Sämtliche hier dargestellten Inhalte dienen somit ausschließlich der neutralen Information. Sie stellen keinerlei Empfehlung oder Bewerbung der beschriebenen oder erwähnten Methoden dar. Dieses Buch erhebt weder einen Anspruch auf Vollständigkeit, noch kann die Aktualität und Richtigkeit der hier dargebotenen Informationen garantiert werden. Dieses Buch ersetzt keinesfalls die fachliche Beratung und Betreuung durch eine Hundeschule. Der Autor und die Herausgeber übernehmen keine Haftung für Unannehmlichkeiten oder Schäden, die sich aus der Anwendung der hier dargestellten Information ergeben.

Französische Bulldogge Training

Hundetraining für Deine Französische Bulldogge

Wie Du durch gezieltes Hundetraining eine einzigartige Beziehung zu Deiner Französischen Bulldogge aufbaust

Expertengruppe Verlag

INHALTSVERZEICHNIS

ÜBER DIE AUTORIN

Claudia Kaiser lebt zusammen mit Ihrem Mann und Ihren beiden Hunden Danny (2 Jahre) und Daika (8 Jahre) auf einem alten Gehöft im schönen Rheinland.

Zunächst nur als Hundehalter und nun schon seit über 20 Jahren in der aktiven Hundeausbildung hat sie viele Erfahrungen gesammelt und viele Hundebesitzer auf ihrem Weg in der Erziehung ihrer Französischen Bulldogge begleitet. Um diese Erfahrungen nicht mehr nur an einen kleinen Kreis von Hundebesitzern in persönlichen Coachings oder der örtlichen Hundeschule weitergeben zu können, entstand die Idee zu diesen Büchern.

Nach langer Recherche-, Schreib- und Korrekturarbeit kam schlussendlich dieser Ratgeber dabei heraus. Er soll jedem Besitzer einer Französischen Bulldogge einen Leitfaden an die Hand geben, um auch bei einem ausgewachsenen Hund noch Lust und Spaß am Hundetraining zu wecken. Denn jede Französische Bulldogge ist es wert, nicht nur zu Beginn intensiv betreut zu werden, sondern ihr ganzes Leben lang.

Wer sich an die Tipps und Hinweise in diesem Ratgeber hält, der kann sich sicher sein, dass er viele Jahre lang Freude an einem außergewöhnlich tollen Begleiter haben wird.

VORWORT

Herzlichen Glückwunsch, Du hast wahrscheinlich schon vor einiger Zeit die hervorragende Entscheidung getroffen, eine Französische Bulldogge in Deinem Leben willkommen zu heißen. Und darüber hinaus hast Du kürzlich beschlossen, diesen Ratgeber zu kaufen. Damit hast Du gleich zwei gute Entscheidungen getroffen.

Deine Französische Bulldogge gehört einer unglaublich tollen Rasse an, die es wert ist, dass sie ihr Leben lang gefordert und gefördert wird. Denn nur ein ausgelasteter Hund führt ein wirklich glückliches und ausgeglichenes Leben.

Bevor Du die nächsten Seiten liest, solltest Du wissen, was Dich erwartet. Dieser Ratgeber wird Dir keine einfache Lösung bieten, wie Du mit wenig Aufwand eine unvergleichliche Bindung zu Deiner Französischen Bulldogge aufbaust. Dieser Ratgeber zeigt Dir keine Abkürzung zum Erfolg auf. Und das Wichtigste: Das Lesen alleine wird nichts verändern. Der Erfolg dieses Ratgebers hängt ganz alleine von Dir ab.

Und genau deshalb erklärt Dir dieser Ratgeber, wieso es so wichtig ist, dass das Hundetraining nicht mit der Welpenschule endet. Er zeigt Dir auf, wie Du Deine ausgewachsene Französische Bulldogge ihr Leben lang noch weiter trainieren und entwickeln kannst. Denn wie wir Menschen, entwickeln sich auch Hunde stetig weiter, wenn wir ihnen die Möglichkeit dazu geben.

Dieser Ratgeber wird Dir viele Methoden vorstellen, die Du alleine und ohne die Teilnahme an einer Hundeschule ausüben kannst. Das Einzige, was Du benötigst, ist der Wille und eventuell ein paar kleine Utensilien zur Unterstützung. Es ist ganz einfach und für jeden umsetzbar. Dennoch möchte ich an dieser Stelle hinzufügen, dass ich gerade unerfahrenen Haltern als Ergänzung unbedingt den Besuch einer Hundeschule nahelege.

Meine Frage an Dich lautet daher: Bist Du bereit, jeden Tag – und ich meine wirklich JEDEN Tag – eures weiteren gemeinsamen Lebens einige Minuten zu investieren, um das Leben Deiner Französischen Bulldogge spannender, interessanter und herausfordernder zu gestalten?

Wenn ja, dann hast Du mit diesem Buch eine hervorragende Wahl getroffen. Da Du diese dritte Entscheidung getroffen hast, bist Du jetzt bereit, die nächsten Seiten zu lesen.

Da es mir wirklich wichtig ist, dass Du mit Deinem Training Erfolg hast, möchte ich eines explizit an dieser Stelle erwähnen: Das Lesen dieses Buches kann natürlich nicht die enge Zusammenarbeit mit einem persönlichen Hundetrainer ersetzen. Beim Hundetraining kommt es sehr auf Feinheiten an. Wenn Du zum ersten Mal einen Hund hältst oder ein sehr anspruchsvolles Exemplar hast, dass eventuell sogar verhaltensauffällig ist, empfehle ich Dir, als Ergänzung noch einen Hundetrainer mit ins Boot zu nehmen. Du wirst durch dieses Buch sehr viel lernen, aber eine Sache kann es Dir nicht bieten: Dass ein Profi sich Dein Training anschaut und Dir Tipps gibt, wie Du es noch besser gestalten kannst. Denn oft wirst Du es selbst gar nicht merken, wenn kleine Feinheiten noch nicht ganz passen.

Für alle anderen, gerade für erfahrene Halter, die sich lediglich neue Inspirationen holen möchten, habe ich keine Bedenken, dass dieses Buch auch ohne Hundeschule und Hundetrainer ausreicht.

Ich wünsche Dir daher viel Erfolg und von Herzen alles Gute für euch zwei.

- Kapitel 1 -

WAS IST HUNDETRAINING?

Da Du Dir dieses Buch gekauft hast, wirst Du Dir im Vorfeld bestimmt schon Gedanken darüber gemacht haben, was genau Hundetraining ist. In der Regel werden damit zwei Konzepte verknüpft. Zum einen ist es die Grunderziehung des Hundes, sprich dass Dein Hund die Kommandos »Sitz«, »Platz« und »Aus« beherrscht. Zum anderen verknüpfen viele mit dem Wort „Hundetraining“, dass es sich dabei um eine regelrechte Ausbildung des Hundes handelt, bei der man regelmäßig eine Hundeschule aufsuchen muss und am Ende eine Prüfung ablegt.

Natürlich kann man diese beiden Varianten durchaus unter dem Oberbegriff Hundetraining zusammenfassen, aber für mich bedeutet Hundetraining etwas anderes. Denn Ersteres ist für mich die Grund- bzw. Welpenerziehung und Letzteres die Ausbildung. Aber das kann ja nicht alles sein. Denn irgendwann ist der Hund aus dem Welpenalter und hat seine Grunderziehung damit hoffentlich gemeistert, aber nicht jeder Hund erhält anschließend eine fundierte Ausbildung. Nicht jeder Hund benötigt dies und nicht jeder Hundehalter hat die Zeit und die Lust dazu.

Daher ist es wichtig, dass es dazwischen noch eine Stufe gibt und genau diese nenne ich Hundetraining. Jetzt fragst Du Dich vielleicht, wie sich dieses Hundetraining, wie ich es nenne, denn genau von den beiden anderen abhebt.

Im Gegensatz zur Grunderziehung, die meist ausschließlich im Welpenalter stattfindet, richtet sich das Hundetraining an bereits ausgewachsene Hunde. Wichtig ist dabei, dass die Hunde vorher eine fundierte Grunderziehung erhalten haben. Denn vieles, was im Hundetraining trainiert wird, baut auf diesen Grundkenntnissen auf. Anders, als bei der Grunderziehung, werden beim Hundetraining auch keine Kommandos oder Routinen trainiert, die für den Alltag und das gemeinsame Zusammenleben von Mensch und Tier unabdingbar sind. Ganz im Gegenteil, erfüllt das Training häufig keinen höheren Zweck, sondern dient sowohl der Auslastung, als auch dem intensiven Beziehungsaufbau zwischen Hund und Halter.

Das ist auch der Hauptunterschied zur Hundeausbildung. Denn bei dieser wird in der Regel ein höheres Ziel verfolgt. Die Ausbildung dient einem gewissen Zweck. Das ist, wie bereits beschrieben, beim Hundetraining nicht der Fall. Außerdem gibt es hierbei keine Prüfungen und auch keine Kurse, die der Hund absolvieren muss. Das Training wird deutlich lockerer und flexibler gestaltet und kann ganz leicht in den Alltag von Dir und Deiner Bulldogge integriert werden.

Wichtig zu erwähnen ist auch, dass es nicht »die« eine Art Hundetraining gibt. Darunter fallen verschiedene Kategorien, die sich auch wiederum von Rasse zu Rasse und von Hund zu Hund unterscheiden können.

Im Wesentlichen wird das Hundetraining in zwei Trainingsarten aufgeteilt: Das „Körper-Training" und das „Intelligenz-Training", wie ich es zu nennen pflege. Je nach Rasse spricht ein Hund mehr auf das eine oder das andere Training an. Aber wie wir Menschen, können auch Hunde unterschiedliche Neigungen und Präferenzen aufweisen, wodurch es durchaus vorkommen kann, dass ein Hund, der von seinen Rassenmerkmalen eigentlich das Körper-Training bevorzugen sollte, mehr Spaß am Intelligenz-Training hat. Aus diesem Grund erläutere ich in diesem

Ratgeber auch beide Trainings für Dich und Deine Französische Bulldogge.

Am Ende des Buches habe ich noch ein Sonderkapitel hinzugefügt. Hierbei handelt es sich um eine ganz besondere Form des Hundetrainings, nämlich das „Fun-Training“, welches mir ganz besonders am Herzen liegt. Ganz ehrlich: Eigentlich brauchen die Kommandos dieses Trainings kein Hund und kein Halter, aber – und auch hier bin ich ganz ehrlich – es macht einfach unglaublich viel Spaß, diese eigentlich unsinnigen Kommandos zu trainieren. Und ich bin mir dabei sicher, dass nicht nur ich großen Spaß dabei habe, sondern auch meine vierbeinigen Freunde. Darüber hinaus bin ich immer ziemlich stolz, wenn meine kleinen Lieblinge ihre studierten Kunststücke vorführen können.

Jetzt weißt Du, was Hundetraining wirklich ist und welche drei Arten von Hundetraining Du in diesem Buch kennenlernst. Im nächsten Kapitel erfährst Du jetzt, wieso Hundetraining für Dich und Deine Französische Bulldogge so sinnvoll ist und inwiefern es euer beider Leben bereichern wird.

Die wichtigsten Fakten für Dich und Deine Französische Bulldogge im Schnellüberblick:

1. Mit der Grunderziehung, sprich den Kommandos »Sitz«, »Platz« und »Aus«, endet die Erziehung Deiner Französischen Bulldogge nicht.

2. Hundetraining dient der Auslastung und dem Beziehungsaufbau zwischen Deiner Französische Bulldogge und Dir.

3. Es gibt nicht nur eine Art von Hundetraining. In diesem Ratgeber lernst Du das Körper-, Intelligenz- und Fun-Training kennen.

4. Finde in den nächsten Kapiteln heraus, welche Form des Trainings am besten zu euch passt. Wichtig ist, auf Deine Französische Bulldogge als Individuum zu achten. Es kann durchaus sein, dass Deine Französische Bulldogge am meisten Spaß an einem Training hat, das aufgrund seiner Rassenmerkmale erstmal nicht so geeignet scheint.

- Kapitel 2 -

WIESO IST HUNDETRAINING FÜR DEINE AUSGEWACHSENE FRANZÖSISCHE BULLDOGGE SINNVOLL?

Im Gegensatz zu früher werden die meisten Hunde heutzutage nicht mehr als Arbeitstiere, sondern als Familienhunde gehalten. Was bedeutet das für Deine Französische Bulldogge?

Auch wenn Du es ihr kaum noch ansiehst, so stammt auch die Französische Bulldogge ursprünglich vom Wolf ab. So verändert, wie das Äußere und auch das Wesen heute ist, so hat sie dennoch einige Eigenschaften und Instinkte beibehalten, die noch auf das Leben als Wolf zurückführen.

Dazu gehört unter anderem das hohe Energielevel, das diese doch recht kleine aber quirlige Rasse aufweist und viele Halter überfordert. Denn aufgrund ihres putzigen Äußeren und leider auch wegen vielen

Merchandising Produkten und Filmen, sehen einige in der Französischen Bulldogge lediglich ein Modeaccessoir und vergessen, dass es sich hierbei um ein echtes Tier handelt. Ein Tier, das seine Bedürfnisse hat und nicht dazu veranlagt ist, den ganzen Tag ruhig dazuliegen und süß auszuschauen.

Doch das erwarten Halter, die sich vorher wenig mit den Merkmalen dieser tollen Rasse beschäftigt haben. Und genau das führt in vielen Fällen zu einer starken Unterforderung, die sich häufig in Verhaltensstörungen bemerkbar macht. Das bedeutet, dass viele Französische Bulldoggen heutzutage häufig unausgeglichen, teilweise aggressiv (z.B. gegen das Mobiliar) oder regelrecht hyperaktiv sind, wenn ihre Halter abends zurückkehren.

Ich selbst habe diese Erfahrung auch schon machen müssen. Mein erster Hund - ich gebe zu, ich war damals noch sehr jung und hatte einfach wenig Zeit - war eigentlich herzallerliebst. Aber sobald ich ihn für längere Zeit alleine ließ, fing er sofort an, meine Wohnung auseinander zu nehmen. Außerdem neigte er dazu, sehr besitzergreifend zu sein und andere in meiner Nähe nur ungern zu dulden.

Ich war mir damals keinerlei Schuld bewusst. Schließlich liebte ich meinen kleinen Racker und zeigte ihm das regelmäßig durch intensive Streicheleinheiten und mehr oder weniger ausgiebige Spaziergänge morgens und abends. Er hatte eine solide Welpenschule absolviert und hatte die wichtigsten Kommandos im Großen und Ganzen zuverlässig drauf. Auch verbrachten wir die Zeit, in der ich zu Hause war, fast immer zusammen, da er mich ohnehin in jeden Raum begleitete.

Für mich war daher klar, der Hund erhielt genügend Auslauf und vor allem auch Aufmerksamkeit. Mein Part war damit für mich erledigt. Ich redete mir selbst ein, dass ich einfach das Pech hatte, einen leicht verhaltensauffälligen Hund erwischt zu haben, was meine Liebe zu ihm aber nicht im Geringsten schmälerte.

Doch wie ich heute weiß, lag die Schuld an der Verhaltensauffälligkeit meines Hundes einzig und allein bei mir. Ich hatte mir ein lebendes Tier in mein Leben geholt und keine Stoffpuppe, die keine Ansprüche an geistige oder körperliche Auslastung stellt.

Natürlich erhielt er Auslauf bei mir, aber das war es auch schon. Ich hatte geglaubt, dass das bisschen Bewegung, ein paar Streicheleinheit und meine Nähe für ihn vollkommen ausreichend wären. Aber wie bei uns Menschen, können Hunde sehr wohl Langeweile verspüren. Und da ich weiß, wie genervt und gereizt ich sein kann, wenn ich gelangweilt bin, ist es kein Wunder, dass sich mein Hund damals so verhalten hat.

Ich hatte zu jener Zeit das Glück, dass mir eine sehr gute Freundin den Kontakt zu einem Hundetrainer vermittelt hat. Ich schilderte diesem meine Situation und die Probleme, die ich bei meinem Hund sah und bat ihn um Tipps, wie ich meinen Hund ändern könnte. Was war seine Reaktion? Er lachte erst einmal herzhaft und teilte mir dann mit, dass nicht mein Hund, sondern ich mich grundlegend ändern müsse.

Ich muss gestehen, dass ich im ersten Moment ziemlich perplex und auch etwas beleidigt war. Aber, da ich wie gesagt an einen ziemlich guten Trainer geraten bin, hat er mir sofort die Hintergründe erklärt und genau das will ich für Dich jetzt auch tun.

Wir Hundehalter in der modernen Zeit tendieren dazu, unsere Hunde entweder als Sportgerät zu sehen, durch das wir täglich dazu animiert werden, vor die Tür zu gehen oder als Schmusetier, das jederzeit dazu bereit ist, von uns gestreichelt zu werden. Der moderne Hund hat immer still zu halten, soll nie auffallen und sich in Restaurants und bei Freunden hervorragend benehmen.

Was wir dabei jedoch vergessen, ist, dass wir kein Stofftier erworben haben, sondern ein Lebewesen mit eigenen Bedürfnissen. Und dieses Lebewesen ist kein Roboter, der auf Knopfdruck funktioniert und still in der Ecke stehen kann, wenn er nicht gebraucht wird. Dieses Lebewesen braucht aktive Beschäftigung und nicht nur die passive Anteilnahme an unserem Leben.

Was habe ich daher in meinem Alltag geändert? Ich bin immer noch zweimal täglich mit meinem Hund spazieren gegangen, aber zusätzlich habe ich noch 2 Trainingseinheiten in unseren Tag integriert. Da ich, wie ich schnell merkte, einen ziemlich schlauen Hund mein Eigen nennen durfte, fokussierte ich unser Training auf Intelligenz-Spiele und weil ich es so toll fand auch auf Fun-Training. Auch den Ablauf der Spaziergänge änderte ich. Wir gingen nicht mehr einfach nebeneinander durch den Wald, sondern auch hier integrierte ich ein aktives Miteinander, das Du später noch in diesem Buch erlernen wirst.

Und was hat sich dadurch geändert?

Alles! Was ich sofort merkte war, dass mein Hund deutlich ausgeglichener war. Ja, ich merkte sogar, dass er nach 15 Minuten intensivem Trainings deutlich erschöpfter war, als nach einem zweistündigen Spaziergang.

Doch was noch viel besser war und was mich wirklich überraschte, war die tiefe und innige Bindung, die wir zu einander aufbauten. Wir hatten jetzt ein gemeinsames Hobby und wir beide lernten, wie viel Freude es bereitet, wenn wir uns intensiv miteinander beschäftigten. Erst durch das Hundetraining kann ich sagen, dass mein Hund wirklich zu meinem „Freund fürs Leben" wurde, denn vorher war er eher ein „Begleiter meines Lebens".

Wenn Du jetzt merkst, dass Deine Französische Bulldogge bisher auch eher ein Begleiter Deines Lebens und nicht aktiver Bestandteil und Mitgestalter ist, ist das nichts Schlimmes. Wie gesagt, mir ging es ebenso und ich würde behaupten, dass es bei einem Großteil der Hundehalter auch so ist.

Der Unterschied ist nur, dass Du jetzt die Möglichkeit hast, daran etwas zu ändern. Wie das geht, erfährst Du in den nachfolgenden Kapiteln. Doch erst einmal klären wir jetzt, was Du für das Hundetraining besonders beachten musst. Es gibt sowohl rassenspezifische, als auch allgemeine Grundsätze, die es zu beachten gilt. Und ganz wichtig, Deine Französische Bulldogge muss vorher schon eine gewisse Grunderziehung genossen haben, ohne die es nicht geht.

Die wichtigsten Fakten für Dich und Deine Französische Bulldogge im Schnellüberblick:

1. Deine Französische Bulldogge ist ein anspruchsvolles Tier, das nicht als dekoratives Stofftier betrachtet werden sollte.

2. Eine Französische Bulldogge, die nie im Alltag gefordert wird, läuft Gefahr, sich zu langweilen und dauerhaft unterfordert zu sein. Diese Langeweile und Unterforderung können sich schnell in destruktive Energien umwandeln.

3. Lasse Deine Französische Bulldogge nicht nur als passiven Begleiter an Deinem Leben teilhaben, sondern integriere sie aktiv in Deinen Alltag.

4. Beschäftige Deine Französische Bulldogge nicht nur körperlich, denn dazu ist sie viel zu schlau. Lasse sie jeden Tag sowohl mit ihrem Kopf, als auch mit ihren Muskeln arbeiten und lasse Dich von den Veränderungen überzeugen.

- Kapitel 3 -

WAS SOLLTEST DU BESONDERS BEACHTEN?

WAS IST FÜR DEINE FRANZÖSISCHE BULLDOGGE BESONDERS WICHTIG?

Du hast Dich ganz bewusst für eine Französische Bulldogge entschieden, als Du Deinen Hund erworben hast. Wahrscheinlich hast Du Dich im Vorhinein schon intensiv mit den Rassenmerkmalen Deines vierbeinigen Freundes beschäftigt. Das meiste, was jetzt folgt, wirst Du daher schon kennen. Doch weil es so wichtig für euer gemeinsames Training ist, möchte ich es noch einmal wiederholen.

Die Französische Bulldogge ist eigentlich nicht das, was der Name vermuten lässt. Denn sie stammt ursprünglich nicht aus Frankreich, sondern aus Großbritannien. Von dort haben sie hauptsächlich Künstler, die sich in Frankreich angesiedelt haben, mit ins kontinentale Europa gebracht und später ihre

Namensgebung stark beeinflusst. Äußerlich ähnelt sie daher sehr stark der englischen Bulldogge in ihrem stämmigen Körperbau, mit dem großen Kopf und der kurzen Schnauze.

Im Schnitt wird eine Französische Bulldogge im Gegensatz zu ihren Ahnen nicht größer als 35 cm im Widerriss und sollte nicht mehr als 14kg wiegen. Die aufrechtstehenden, spitzen Ohren und die vielen Falten um die Schnauze geben ihr ein unvergleichbares Äußeres, das von vielen Haltern auf Anhieb liebgewonnen wird.

Das kleine und stämmige Äußere lässt schnell vermuten, dass es sich bei der Französischen Bulldogge um einen eher ruhigen Hund handelt, doch das ist falsch gedacht. Ganz im Gegenteil, handelt es sich hierbei um eine besonders aktive Rasse, die ein lebhaftes, verspieltes und sehr einnehmendes Wesen aufweist. Du solltest daher den Bewegungsdrang Deines kleinen Freundes nicht unterschätzen.

Für einen Sportliebhaber, der einen Hund sucht, mit dem er Joggen gehen oder Radfahren kann, ist die Französische Bulldogge jedoch die falsche Rasse. Durch die Gegebenheiten ihrer Anatomie neigt die

Französische Bulldogge nämlich zur Kurzatmigkeit, was ihr bei Ausdauersport in die Quere kommt. Für ausgiebige Spaziergänge oder das Spielen mit Artgenossen reicht es allerdings vollkommen aus. Und Dein kleiner Vierbeiner wird es lieben.

Wichtig zu wissen ist darüber hinaus, dass Deine Französische Bulldogge aufgrund ihrer Anatomie auch nicht gut schwimmen kann. Sowohl die kurzen Beine als auch der vorne liegende Körperschwerpunkt machen ihr das Schwimmen nicht leicht. Ein Stöckchen in einen See oder Fluss zu werfen, solltest Du Dir aus diesem Grund gut überlegen.

Für die Wohnungshaltung ist sie aber geeignet, sofern sie genügend Auslauf erhält. Ein weiterer schöner Aspekt ist, dass Deine Französische Bulldogge nur selten dazu neigt, Laut zu geben, weshalb sie bei Nachbarn selten negativ auffällt.

Mit Kindern kommt sie ebenfalls bestens zurecht und liebt es regelrecht, mit ihnen zu toben und zu spielen. Der Umgang mit anderen Artgenossen ist für Deine Bulldogge sehr wichtig. Sie weiß das Spiel und den Austausch zu schätzen und wird es Dir Danken, wenn Du ihr diesen ermöglichst.

Durch ihr quirliges und lebhaftes Wesen ist es wichtig, schon früh mit der Erziehung Deiner Bulldogge anzufangen. Viele Halter unterschätzen gerade bei kleinen Hunden wie Deinem, wie wichtig dies ist. Doch gerade diese Rassen neigen häufig zu einem hohen Energielevel und einem gewissen Maß an Dickköpfigkeit und sind genau deshalb auf konsequente Erziehung angewiesen.

Du merkst, Du hast zwar einen durchaus anspruchsvollen Hund in Dein Leben aufgenommen, aber auch einen mit einem riesigen Potential. Wenn Du selbst sportlich bist, kannst Du das hervorragend mit der Veranlagung Deiner Französischen Bulldogge kombinieren – auch wenn Du durch ihre Kurzatmigkeit sehr genau auf sie achten musst. Wenn Du selbst gerne Rätsel löst oder Dich geistigen Herausforderungen stellst, wirst Du es lieben, mit Deiner aufgeweckten Französischen Bulldogge das Intelligenz-Training zu absolvieren. Und Du wirst merken, wie auch sie es lieben wird.

Von ihrer Veranlagung her, bringt die Französische Bulldogge schon alle wichtigen Komponenten mit, um sowohl am Körper-Training, als auch am Intelligenz-Training Gefallen zu finden.

Dadurch, dass Französische Bulldoggen im Allgemeinen nur über einen geringen Jagdtrieb verfügen, kann es sein, dass Du beim Apportier- und Reizangeltraining einen extra Anreiz über das Futter schaffen musst. Dazu komme ich noch im entsprechenden Kapitel, aber es ist mir wichtig, dass Du es jetzt schon weißt. Im Gegensatz zu einem Schäferhund, der einen hohen Jagdtrieb aufweist, ignorieren die meisten Französischen Bulldoggen Wildtiere im Wald oder verfolgen sie zumindest nicht.

Doch da es wie beschrieben auch immer mal wieder Ausnahmen gibt, erhältst Du in den nachfolgenden Kapiteln auch Tipps dazu, wie Du mit einer jagdbegeisterten Bulldogge umgehst.

Sowohl beim Intelligenz-Training, als auch beim Fun-Training, gibt es keinerlei Bedenken für Deine Französische Bulldogge. Hier liegt es einzig und allein daran, woran sie am meisten Gefallen findet.

Zusammengefasst bedeutet das:

Du hast mit Deiner Französischen Bulldogge einen Hund, der von seiner Veranlagung her für alle drei in diesem Buch beschriebenen Trainingsarten in Frage kommt. Mein Tipp lautet daher, lese alle drei Teile und entscheide anschließend, welche Trainings Du als erstes mit ihr ausprobieren möchtest.

WAS IST ALLGEMEIN ZU BEACHTEN?

Wichtig beim Hundetraining ist es nicht nur, eine Trainingsart zu finden, die zu den Rassemerkmalen Deines Hundes passt. Fast noch wichtiger ist, dass das Training sowohl Deinem Hund, als auch Dir Spaß macht. Hast Du ein Training gefunden, dass Deinen vierbeinigen Freund begeistert, für das Du Dich selbst aber nur wenig motivieren kannst, ist es keine gute Lösung. Höre daher bitte gut in Dich hinein, ob dieses Training auch Dir Freude und Spaß bereiten wird.

Denn wenn Du selbst nur lustlos am Training teilnimmst, kann ich Dir jetzt schon garantieren, dass es sich auf Deine Französische Bulldogge übertragen wird. Das Training wird in Folge dessen sowohl für Deine Bulldogge, als auch für Dich langweilig und zäh und ihr werdet beide mit Unbehagen die nächste Trainingseinheit erwarten. Statt zu einer engeren Bindung wird dieses Training unweigerlich zu einer Entfremdung führen und ihr werdet es irgendwann bleiben lassen. Wähle daher das Training nicht nur im Sinne Deiner Französischen Bulldogge, sondern auch in Deinem Sinne aus. Wenn Du mit Begeisterung dabei bist, wirst Du es mit großer Wahrscheinlichkeit schaffen, Deine Bulldogge für jedwedes Training zu begeistern, selbst wenn es laut ihren Rassemerkmalen eigentlich nicht perfekt zu ihr passt.

Neben dem Spaß am Training ist es wichtig, dass Du im Auge behältst, was für Deinen Hund körperlich das Richtige ist. Du hast bestimmt schon mal einen Hund gesehen, der komplett auf seinen Ball fixiert ist, oder? Der vor Freude schon Luftsprünge macht und seinen Halter animiert, schnell den Ball zu werfen, damit er ihm wieder hinterher spurten kann. Kennst Du so eine Situation? Solch ein Hund käme niemals auf die Idee, das Training von sich aus zu beenden, auch wenn er noch so erschöpft ist. Er würde viel eher mit einem Kreislaufkollaps zusammenbrechen, als das zu tun. Und hier ist es wichtig, dass Du die Grenzen Deiner Französische Bulldogge kennst und das Training frühzeitig beendest. Denn solch eine Situation, dass der Hund sich körperlich oder geistig vollkommen verausgabt, kann bei allen Trainingsformen vorkommen – und gerade durch ihre Kurzatmigkeit ist Deine Französische Bulldogge hiervon ganz besonders betroffen.

Achte daher genau auf Deine Bulldogge und bekomme ein Gefühl dafür, wann sie an ihre Grenzen stößt.

Es kann auch durchaus sein, dass ein Hundetraining, an dem Dein Hund großen Spaß hat und das laut der Rassenmerkmale perfekt für ihn geeignet ist, im Einzelfall nicht sinnvoll ist. Ich denke hier beispielsweise an einen Border Collie, der sehr aktiv ist und mit Begeisterung Agility betreibt. Die angeborene Lust des Hundes zur Bewegung wird durch diesen intensiven Hundesport noch weiter gefördert und kann sich durch das tägliche Trainingsprogramm schnell zu einer Bewegungssucht ausweiten, die von Deinem Hund immer mehr und mehr abverlangt.

Wie so oft im Leben, ist auch hier das richtige Maß entscheidend. So seltsam es klingen mag, kann es manchmal ratsam sein, sich mit einem körperlich sehr aktiven Hund, der auf Bewegung aus ist, auf ruhigeres und mehr geistig anspruchsvolles Training zu fokussieren. Oder im umgekehrten Sinn kann es auch sinnvoll sein, einen eher ruhigen und lethargischen Hund durch aktives Training mehr in Aktion zu versetzen.

Probiere daher nicht nur, die Stärken Deines Hundes weiter zu fördern, sondern schaue Dir auch einmal an, worin er nicht so gut ist und probiere, hierzu einen Gegenpol zu finden.

Solltest Du einen schon älteren Hund haben, der es einfach nicht gewöhnt ist, dass mit ihm trainiert wird und er daher eher lustlos erscheint, habe ich folgenden Tipp für Dich:

Das effektivste Mittel, um die Bereitschaft Deiner Französischen Bulldogge zur Mitarbeit zu erhöhen, ist Hunger. Ist das Hungergefühl groß genug, steigt auch die Bereitschaft. Du denkst jetzt vielleicht, dass das eine grausame Methode ist, aber diese Angst kann ich Dir nehmen. Es geht nicht darum, Deinen Hund wochenlang auszuhungern und an den Rand der Unterernährung zu treiben. Ganz im Gegenteil. Ich rate Dir lediglich, bei mangelndem Mitmachinteresse eine oder zwei Mahlzeiten auszulassen, um das Hungergefühl zu verstärken. Auch solltest Du nie direkt im Anschluss an die Fütterung probieren, zu trainieren.

Und Du brauchst Dir um Deine Französische Bulldogge wirklich keine Sorgen zu machen, wenn sie mal für einen begrenzten Zeitraum keine Mahlzeit von Dir erhält. Denke immer daran, dass sie vom Wolf abstammt. Und für Wölfe ist es vollkommen normal, dass sie ein paar Tage ohne Nahrung zurechtkommen müssen. So ist es auch trotz der Jahrhunderte bei Deiner Bulldogge. Einige Züchter empfehlen sogar, die Hunde nur sechs Tage die Woche zu füttern und generell einen Tag in der Woche zum Fastentag auszurufen.

Für uns Menschen, die wir an tägliche Nahrungsaufnahme gewöhnt sind, mag das erstmal hart klingen. Du kannst mir aber wirklich glauben, dass es Deinem Hund und auch eurer Beziehung nicht schaden wird. Probiere es einfach mal aus und lass Dich überraschen, wie sich die Bereitwilligkeit Deiner Französischen Bulldogge wandelt.

Wichtig ist auch, dass Du die Leckerchen, die Du fürs Training verwendest, später von ihrer Essensration abziehst, sonst wirst Du bald ein ganz anderes Problem bekommen, nämlich Übergewicht! Gerade bei kleinen Rassen wie der Deinen kann trotz ausreichenden Trainings eine Fettleibigkeit auftreten, wenn zu viel zugefüttert wird. Achte bitte darauf, dass Deine Französische Bulldogge immer im Normbereich bleibt

– damit ist Deinem kleinen Liebling mehr geholfen, als mit einem Leckerchen mehr oder weniger.

Wie Du jetzt vielleicht merkst, ist Hundetraining viel mehr, als einfach nur ein Stöckchen zu werfen und das war es. Du musst Dich vielmehr sehr intensiv mit Deiner Französischen Bulldogge, ihren Rassenmerkmalen, aber auch ihren und Deinen individuellen Vorlieben auseinandersetzen. Und – das ist das Wichtige – daraufbauend ein passendes Trainingsprogramm finden.

Das alles klingt im ersten Moment für Dich jetzt vielleicht nach sehr viel Verantwortung und sehr kompliziert. Aber es ist deutlich leichter, als Du denkst. Wie bei allem, sind auch beim Hundetraining noch keine Meister vom Himmel gefallen. Ihr werdet beide als „Anfänger“ beginnen und gegenseitig an den Herausforderungen wachsen. Gerade am Anfang geht es erstmal nur darum, herauszufinden, was euch beiden Spaß macht. Sobald ihr das Passende gefunden habt, kommt der Rest von ganz allein, dessen bin ich mir sicher.

WAS SOLLTE DEINE FRANZÖSISCHE BULLDOGGE SCHON VORHER KÖNNEN?

Wie ich bereits erwähnt habe, ist dieser Ratgeber nur für Halter und Hunde geeignet, die schon eine gewisse Grunderziehung absolviert haben. Denn Du wirst mit diesem Ratgeber nicht lernen, wie Du Deinem Hund die Grundkommandos beibringst.

Solltest Du noch keinen Hund haben oder noch einen kleinen Welpen, empfehle ich Dir mein Buch „Französische Bulldogge Erziehung – Hundeerziehung für Deinen Französischen Bulldoggen Welpen". Mit diesem Ratgeber werdet ihr zwei perfekt auf das vorbereitet, was ihr für diesen – daraufbauenden – Ratgeber benötigt.

Denn Dein Hund sollte folgende Kommandos schon wie aus dem Effeff beherrschen:

- Sitz
- Platz
- Bleib
- Abruf

- Übung Auflösen
- Etwas hergeben

Hand aufs Herz: Beherrscht er all diese Kommandos?

Um sicherzustellen, dass wir das Gleiche meinen: Beherrschen bedeutet für mich, dass Deine Französische Bulldogge immer – egal in welcher Umgebung und egal bei welcher Ablenkung – auf die oben genannten Kommandos reagiert und sie korrekt ausführt.

Tut sie das?

Ich habe schon öfters von Hundehaltern gehört, dass ihr Hund ja „fast immer" kommt, wenn sie ihn rufen und das ihnen das vollkommen ausreicht. Um ehrlich zu sein, das tut es nicht. Ein bisschen Gehorsam dann und wann wird für das, was wir vorhaben, nicht ausreichen. Wenn Du Deiner Französischen Bulldogge im Alltag nichts abverlangst und Du sie mehr oder weniger machen lässt, was sie will, wieso soll sie dann in anderen Momenten auf Dich hören? Insbesondere, wenn sie gerade mit anderen Hunden spielt, etwas Spannendes gerochen oder einfach keine Lust hat?

Es ist wichtig, dass Du das Wesen Deines Hundes verstehst, bevor Du mit dem Hundetraining beginnst. Gerade einer Rasse wie der Französischen Bulldogge siehst Du die Wolfsabstammung wie bereits erwähnt nicht an – aber sie ist da. Und Wölfe leben in einem Rudel. Trotz der Jahrhunderte an Züchtung leben die Urinstinkte des Wolfsrudels immer noch in jeder Französischen Bulldogge fort.

Das heißt für Dich:

In einem Rudel gibt es klare Strukturen und eine feste Rangordnung. An der Spitze steht der Rudelführer. Dieser zeichnet sich durch Selbstsicherheit aus, er übernimmt Verantwortung und er weiß immer, was er will. Er achtet auf die Einhaltung der Disziplin und duldet keinen Ungehorsam und das nicht nur manchmal, sondern immer.

Hat Deine Französische Bulldogge das Gefühl, dass Du dieser Rolle nicht gewachsen bist, wird sie sie einnehmen wollen. Doch damit wird sie überfordert sein. Dazu kommt, dass sie viele Gefahren nicht richtig einschätzen kann und sich dadurch selbst in Gefahr bringt. Hierzu gehört zum Beispiel, dass sie die Gefahr eines heranfahrenden Autos oder auch die

Langzeitfolgen von menschlichem Essen auf ihren Körper nicht kennt. Du aber schon. Deshalb ist es unabdinglich, dass Du die Rolle des Rudelführers einnimmst, auch wenn es schwer wird und Du belächelt wirst.

Und als Rudelführer musst Du Dir zu hundert Prozent sicher sein, dass Deine Französische Bulldogge auf die zuvor genannten Kommandos IMMER und ZUVERLÄSSIG reagiert.

Wenn Du das nicht mit einem guten Gewissen bejahen kannst, lege ich Dir ans Herz, zuerst die Grunderziehung zu perfektionieren, bevor Du mit dem Hundetraining weitermachst. Es wird sowohl für Dich, als auch für Deine Französische Bulldogge deutlich angenehmer und erfolgreicher sein. Das kannst Du mir aus jahrelanger Erfahrung glauben.

Zum Abschluss in diesem Kapitel möchte ich noch etwas hinzufügen, was Du können musst, um erfolgreich Deinen Hund zu trainieren:

Du musst wissen, wie wichtig konsequentes Handeln ist. Es bringt rein gar nichts, wenn Du Deinem Hund in der einen Situation etwas erlaubst und förderst und es ihm in der nächsten verbietest. Auch solltest Du meine Ratschläge und Tipps eins zu eins befolgen, denn es gibt immer einen Grund, wieso ich Dir das genau so vorschlage und nicht anders. Die konsequente und genaue Umsetzung ist der Kern des Hundetrainings. Wenn Du das nicht machst, wirst Du nicht den Erfolg erzielen, der möglich ist. Behalte das bitte stets im Hinterkopf.

Die wichtigsten Fakten für Dich und Deine Französische Bulldogge im Schnellüberblick:

1. Deine Französische Bulldogge passt von ihren Rassemerkmalen zu allen drei Trainings. Finde durch ausprobieren heraus, welches ihr als Individuum und nicht als Rasse am meisten Spaß macht – vergiss dabei aber auch Deinen eigenen Spaß nicht.

2. Bitte achte darauf, Deine Französische Bulldogge mit dem Training nicht zu überfordern. Auch die Gefahr einer Sucht solltest Du nie unterschätzen.

3. Es ist wichtig, dass Deine Französische Bulldogge den Grundkommandos blind gehorcht. Darüber hinaus musst aber auch Du darauf achten, dass Du stets konsequent handelst und Dich auch an die kleinen Details in den Anleitungen hältst.

- Kapitel 4 -

DAS KÖRPER-TRAINING

WAS IST KÖRPER-TRAINING?

Körper-Training ist die Form des Hundetrainings, die noch den meisten Haltern bekannt ist. Im Gegensatz zu einer geistigen Unterforderung lässt sich die körperliche Unterforderung eines Hundes sehr schnell erkennen. Denn wenn der Hund aufgeregt durch die Gegend läuft, seine Halter übermütig begrüßt und gegebenenfalls sogar mit der Leine im Maul angelaufen kommt, ist jedem klar, was jetzt Sache ist. Dazu kommt, dass es vielen Haltern deutlich bewusster ist, dass sie ihren Hund zumindest einmal am Tag körperlich auslasten müssen, als ihn geistig zu fordern.

Doch trotz seiner allgemeinen Bekanntheit und Akzeptanz hat das Körper-Training einen schweren Stand. Denn nur die wenigsten wissen, was es wirklich bedeutet. Die meisten Halter glauben, dass es ausreicht, ihren Hund ein- bis zweimal täglich Gassi zu führen und damit sei der körperlichen Ertüchtigung Genüge getan. Das mag bei einigen wenigen Rassen vielleicht der Fall sein, aber selbst bei einer so kleinen Rasse wie der Französischen Bulldogge bezweifle ich das. Ein gesundes Tier wird immer mehr Anforderungen an seine Haltung stellen.

Deine Französische Bulldogge hat durch jahrhundertelange Züchtung vieles von ihren Wolfsvorfahren verloren. Doch der Drang zur Bewegung macht sich immer noch in ihrem quirligen Charakter und der großen Spielfreude bemerkbar. Und wie bei allem im Leben ist es auch hier sinnvoller, das Ganze strategisch und gut geplant anzugehen, als einfach los zu legen.

Wir halten daher fest, mit Deiner Französischen Bulldogge einmal um den Block zu gehen, damit sie ihre Notdurft erledigen kann oder vielleicht einen etwas längeren Spaziergang zu unternehmen, ist noch kein Körper-Training. Denn Hand aufs Herz: Ist Dein Hund danach ausgelaugt und legt er sich, wenn ihr zurückkommt, auf seine Decke und schläft die nächsten 1 oder 2 Stunden? Wenn das nicht der Fall ist, wenn ihr von euren täglichen Touren wiederkommt, dann hast Du ihn zwar ausgeführt – was vollkommen in Ordnung und auch notwendig ist – aber Du hast nicht mit ihm trainiert.

Denn das Körper-Training setzt voraus, dass ihr zwei in enger Abstimmung zueinander alles aus euch herausholt. Es kommt darauf an, dass ihr genau richtig zusammenarbeitet und Deine Französische Bulldogge sich in relativ kurzer Zeit vollkommen auspowern kann. Im Gegensatz zum klassischen „Gassi gehen“, bei dem Halter und Hund im Regelfall nebeneinander einen Weg ablaufen, aber dabei keine engere Zusammenarbeit notwendig ist, liegt beim Körper-Training genau hierauf der Fokus. Es geht dabei nicht nur um das reine Auspowern, sondern auch um euer Zusammenspiel.

Im vorherigen Kapitel habe ich bereits angedeutet, dass es wichtig ist, sich genau zu überlegen, welche Form von Training wirklich zu Deiner Französischen Bulldogge passt. Hast Du bei Deiner Bulldogge einen fast schon hyperaktiven Kameraden erwischt, der mit einer endlos erscheinenden Menge an Energie geladen ist, ist es zwar wichtig, sie auch körperlich zu belasten, ich würde aber gerade dann nicht den Fokus darauf legen. Denn genau diese Kandidaten neigen sehr schnell dazu, eine regelrechte Sucht zu entwickeln, die immer mehr und mehr von ihnen abverlangt. Gelenkprobleme, Stress und Verhaltensauffälligkeiten können die Folge sein.

Überlege Dir daher, ob es in diesem Fall nicht besser sein könnte, nicht dem offensichtlichen Drang zu folgen und Deinem Hund immer noch mehr Bewegung zu verschaffen, sondern ihn vielleicht eher mit Intelligenz-Training vor ganz neue Herausforderungen zu stellen. Natürlich sollte dabei aber immer gewährleistet sein, dass Dein Energiebündel genügend Bewegung erhält, aber eben nicht mehr, als es braucht.

In diesem Kapitel werde ich Dir hauptsächlich zwei Varianten des Körper-Trainings vorstellen: Das Apportieren und das Reizangel-Training. Wahrscheinlich fragst Du Dich jetzt, wieso ich dem Apportieren ein extra Kapitel widme, denn Stöckchen werfen kann schließlich jeder. Und damit hast Du Recht. Die eigentliche Frage lautet jedoch, ob es auch jeder richtig macht und genau daran hege ich Zweifel. Bei mir wirst Du nicht lernen, wie Du den Stock richtig wirst, denn ich gehe tatsächlich davon aus, dass Du das bereits kannst. Hier wirst Du lernen, wie Du aus dem reinen Werfen eine wirkliche Übung machst, die Dich und Deine Französische Bulldogge wirklich beansprucht und eine enge Zusammenarbeit erfordert.

Ähnlich ist es auch beim Reizangel-Training. Hierbei geht es nicht nur darum, stupide einer Beute hinterherzujagen, sondern eine Reizkontrolle zu erreichen. Beide Übungen scheinen auf den ersten Blick sehr simpel, doch richtig angewendet sind sie nicht nur anspruchsvoll, sondern können viel bewirken – nicht nur im Sinne der körperlichen Ertüchtigung, sondern gerade auch in Bezug auf euer Zusammenspiel.

Dir sollte darüber hinaus bewusst sein, dass die beiden Methoden – das Apportieren und das Reizangel-Training – nur einen Bruchteil dessen abbilden, was möglich ist. Doch ich habe mich ganz bewusst für diese beiden Methoden entschieden. Denn sie bieten beide den großen Vorteil, dass sie ohne großen Materialaufwand auszuführen sind. Außerdem sind beide Methoden nicht so komplex, wie beispielsweise das Agility-Training, das sich nur schwer über einen Ratgeber erläutern lässt. Da mein Anspruch an dieses Buch lautet, dass Du nach dem Lesen direkt loslegen kannst, sind diese beiden Methoden die beste Wahl.

Im letzten Kapitel gebe ich Dir aber noch weitere Anregungen, wie Du das Training mit zusätzlichen Methoden erweitern kannst. Für diese Methoden empfehle ich Dir allerdings den Besuch einer Hundeschule, die dafür spezielle Kurse anbietet. Ein Ratgeber reicht hier oft nicht aus.

WAS SIND DIE VORTEILE?

Die Vorteile des Körper-Trainings sind sehr schnell aufgezählt:

- Als Erstes dient es dazu, wie der Name vermuten lässt, Deinen Hund körperlich auszulasten. Ziel ist es, ihn in kürzester Zeit und möglichst effektiv körperlich komplett müde zu machen.
- Als Zweites ist es eine perfekte Methode, die Bindung zwischen Dir und Deiner Französischen Bulldogge zu vertiefen. Ihr werdet zu einem eingeschworenen Team werden müssen, um die Aufgaben perfekt zu erfüllen. Du wirst recht schnell merken, wie aufmerksam Dich Deine Französische Bulldogge beobachten wird und wie schnell sie auf Deine Anweisungen reagiert.
- Und zu guter Letzt hat dieses Training den riesengroßen Vorteil, dass es bei euch beiden eine große Menge an Glückshormonen ausschütten wird. Bei Deiner Französischen Bulldogge wird dies immer der Fall sein, wenn sie eine Aufgabe erfolgreich gemeistert hat, z.B. indem sie den Ball gefangen hat, und von Dir im Anschluss eine Belohnung erhält. Und bei Dir

werden diese Hormone ausgeschüttet, wenn Du die Reaktionen Deines Hundes auf Deine Kommandos siehst und wenn Du merkst, mit wie viel Begeisterung er dabei ist. Das Hundetraining wird dafür sorgen, dass ihr beide jeden Tag eine Fülle an Glückshormonen erhaltet, die eure Bindung immer noch mehr verstärken wird.

Was meinst Du, reichen diese Vorteile für Dich aus, um mit dem Körper-Training zu starten?

Falls nicht, habe ich hier noch einen ganz wichtigen Vorteil für Dich:

Das Körper-Training passt von der Veranlagung her besser zu Deiner Französischen Bulldogge, als viele meinen. Sie liebt in der Regel Bewegung und ist recht schnell darin, neue Kommandos zu erlernen. Und genau das wird ihr bei diesem Training zum Vorteil gereichen. Natürlich kann sie in Sachen Ausdauer nicht mit einem Collie konkurrieren, aber das muss sie auch nicht. Solange Du auf die persönlichen Grenzen Deiner Französischen Bulldogge achtest, kannst Du die nachfolgenden Trainingsmethoden ohne Bedenken anwenden.

VORSTELLUNG DER TRAININGSMETHODEN

APPORTIEREN

Ich habe bereits erwähnt, dass Deine Französische Bulldogge vom Wolf abstammt. Aufgrund dieser Abstammung ist es die natürliche Veranlagung Deiner Bulldogge, Beute zu machen, sie ins Maul zu nehmen, eventuell noch an einen anderen Ort zu bringen, um sie dann zu fressen. Und genau diese natürliche Veranlagung wird beim Apportieren genutzt. Im Vordergrund steht dabei aber nicht mehr das Erlegen einer Beute, sondern der Spaß und die Zusammenarbeit von Mensch und Tier.

Mit Deiner Französischen Bulldogge hast Du Dich für eine Rasse entschieden, die eher einen geringen Jagdinstinkt aufweist. Daher wird es Dir eventuell nicht so leicht fallen, sie zu Beginn für dieses Training zu begeistern. Aber auch in der Rasse der Französischen Bulldogge gibt es Ausnahmen und so kann es durchaus vorkommen, dass Du nicht erst noch die Begeisterung für das Apportieren wecken musst, sondern sie schon da ist. Mit etwas Geduld und vor allem auch der richtigen Motivation (z.B. indem Du sie nur noch über das Apportieren fütterst) weckst Du in fast jeder

Französischen Bulldogge ihre Urinstinkte und damit auch den Spaß an der Übung.

Doch was genau ist Apportieren? Apportieren ist die Ersatzjagd auf eine leblose Beute. Die Abfolge ist dabei im Grunde immer die Gleiche: Du als Mensch wirfst die Beute und Dein Hund bringt sie wieder zu Dir zurück. Der Vorteil hierbei ist ganz klar, dass Du außer Dir selbst, Deinem Hund und einem Apportiergegenstand keine weiteren Hilfsmittel benötigst.

Falls Du jetzt Angst bekommst, dass Deine Französische Bulldogge erst durch die Jagdsimulation zum Jäger wird, lass Dir an dieser Stelle eines von mir sagen:

Deine Französische Bulldogge, ob Jagdinstinkt oder nicht, geht niemals nur einfach so spazieren. Sie hat kein Auge für die schöne Landschaft oder die Blumen am Wegrand. Sie ist unterbewusst immer auf der Suche nach einer Beute oder einer interessanten Duftnote, die es zu erforschen gilt. Und genau hier setzt das Apportiertraining an. Es nutzt perfekt die natürlichen Instinkte Deiner Französischen Bulldogge aus. Darüber hinaus hat es den positiven Effekt, dass es Deiner Bulldogge verdeutlicht, dass Du genau weißt, was ihr Spaß macht und Du es obendrein noch gutheißt, wenn sie in diesem Fall ihrem Trieb nachgibt.

Zusätzlich bewirkt es aber noch viel mehr. Korrekt ausgeführt, vermittelt es Deinem Hund die Kernbotschaften,

- dass ihr immer gemeinsam jagt,
- dass Du als Mensch bestimmst, was als nächstes gejagt wird,
- dass Du den Startbefehl gibst,
- dass Du die Art und Weise der Jagd auswählst,
- dass Du die Beute aufteilst und
- dass Du die Jagd auch wieder beendest.

Mit anderen Worten unterstützt Du durch das Apportier-Training zwar ihren Jagdinstinkt und bildest ihn eventuell auch stärker aus. Aber wenn Du es richtig ausführst, zeigst Du Deinem Hund gleichzeitig, dass die Jagd mit Dir zusammen deutlich besser und spannender ist, als die Jagd alleine.

Wenn Du für Deine Französische Bulldogge zu einer klar kommunizierenden Beziehungsperson wirst, die immer weiß, wo die nächste spannende Jagd stattfindet, die verschiedene Strategien anbietet, die Spaß vermittelt und Orientierung bietet, dann wird die Jagd auf eigene Faust immer unattraktiver.

Wie also gehst Du das Apportier-Training jetzt am besten an?

Zunächst solltest Du den geeigneten Apportiergegenstand finden. Manchen Hunden wird es vollkommen egal sein, was für einer Beute sie hinterherjagen, aber es gibt auch Hunde, die in jedem Training und jeder Aufgabe einen Sinn erkennen müssen. Für diese Hunde und vielleicht gehört Deine Französische Bulldogge auch dazu, macht es einfach keinen Sinn, mehrfach einem einfachen Ball nachzulaufen, den Du immer wieder von Dir wegwirfst.

Genau für diese Hunde empfehle ich das Training mit einem Futterbeutel. Hier jagt Deine Französische Bulldogge einer Beute hinterher, die sie tatsächlich auch fressen kann, wenn sie sich an Deine Kommandos hält. Das ergibt auch für die anspruchsvolleren Hunde Sinn. Diese Futterbeutel gibt es fast in jedem Tierbedarfsladen für wenig Geld zu erwerben.

Hast Du den geeigneten Gegenstand gefunden, solltest Du zuerst in kleinen Schritten starten, bevor Du Deine Französische Bulldogge das erste Mal apportieren lässt. Lasse sie ein Kommando ausführen, das sie bereits gut beherrscht, wie beispielsweise »Sitz«. Zur Belohnung gibst Du ihr nicht einfach nur ein Leckerchen, sondern sie darf es dieses Mal selbst aus dem Futterbeutel nehmen, den Du ihr hinhältst.

Wiederhole dies einige Male, damit Dein Hund den Beutel mit Belohnung und Futter verbindet. Sobald Du glaubst, dass diese Verknüpfung entstanden ist, ziehst Du den Beutel in einem spannenden Beutespiel vor Deinem Hund auf dem Boden weg. Wenn Du merkst, dass er den Beutel aufmerksam beobachtet und genau auf jede Deiner Bewegungen achtet, wirfst Du den Beutel ein kurzes Stück weg.

Aber Achtung: Achte darauf, dass es bei diesem kurzen Spiel zu keinem Zerrspiel kommt. Du willst ihn schließlich nicht darauf konditionieren, dass er Dir seine Beute nicht geben will.

Läuft Deine Französische Bulldogge dem Futterbeutel hinterher und nimmt sie ihn in den Fang, lobst Du sie dafür verbal überschwänglich. Tut sie dies nicht, startest Du nochmal von vorne, dann war das Interesse noch nicht groß genug oder Du hast den Beutel vielleicht zu weit geworfen.

Hat Dein Hund den Beutel schließlich im Fang, animierst Du ihn mit einer begeisterten Stimme und einladender Körperhaltung dazu, zu Dir zu laufen. Sobald Deine Französische Bulldogge sich zu Dir bewegt, gibst Du das Kommando »Bring«. Dein Hund soll dieses mit dem Tragen des Beutels verknüpfen.

Wichtig: Verwende das Kommando nicht, um ihn anzulocken. Am Anfang ist es wichtig, dass er das Kommando immer erst dann hört, wenn er es schon am Ausführen ist. So entsteht die entsprechende Verknüpfung deutlich schneller.

Sobald er bei Dir angekommen ist, nimmst Du ihm den Beutel ab – hier musst Du anfangs eventuell noch das Kommando »Aus« verwenden – und reichst ihm eine Belohnung aus dem Beutel.

Du merkst an dieser Stelle, wie wichtig es ist, dass Dein Hund die Grundkommandos, wie den Abruf und das »Aus«-Zeichen schon beherrscht. Sollte Dein Hund damit noch Probleme haben, empfehle ich anfangs die

Verwendung einer Schleppleine. So stellst Du sicher, dass Dein vierbeiniger Freund mit seiner Beute nicht die Biege macht. Auf keinen Fall darf es Deiner Französischen Bulldogge gelingen, den Futterbeutel ohne Dich zu öffnen. Denn es ist ein zentraler Bestandteil dieser Übung, dass sie nur durch Dich an ihre Belohnung kommt.

Klappt diese Übung auf kurze Distanz zuverlässig, kannst Du langsam die Schwierigkeit erhöhen und den Beutel weiter werfen. Bedenke dabei aber bitte, dass es sich bei Deiner Französischen Bulldogge um eine kleine Rasse handelt. Solltest Du nicht ein überaus sportliches Exemplar erwischt haben, musst Du den Beutel keine 100 Meter weit werfen, um sie auszupowern. Im Vergleich zu größeren Rassen oder Ausdauerläufern wie den Jack Russel reichen hier auch kurze Distanzen aus.

Hat Dein Hund das Kommando »Bring« ebenfalls verinnerlicht, kannst Du – je nach Veranlagung Deiner Französischen Bulldogge – die Schwierigkeit abgesehen von der Distanz noch weiter erhöhen.

Nachfolgend findest Du ein paar Alternativen, wie Du dieses Training noch spannender und herausfordernder gestalten kannst, als einfach immer nur einen Beutel zu werfen:

- **Variiere die Umgebung:** Wechsle vom Haus in den Garten, vom Garten auf eine Wiese, von der Wiese in den Wald. Dein Hund wird jedes Mal mit zusätzlichen Ablenkungen konfrontiert, die es zu ignorieren gilt, wenn ihr am Trainieren seid. So leicht das klingt, es wird für Deine Französische Bulldogge eine echte Herausforderung darstellen, andere Gerüche, Menschen und Tiere zu ignorieren.
- **Verändere den Untergrund**: Lass Deine Französische Bulldogge beispielsweise im hohen Gras nach dem Beutel suchen oder, wenn Du einen wasserfesten Beutel und einen wasserfreudigen Hund hast, kannst Du ihn auch gerne einmal in einen Bach oder Fluss jagen. Aber Achtung: Aufgrund ihres Körperbaus sind Französische Bulldoggen keine guten Schwimmer. Achte daher darauf, dass das Wasser nicht zu tief wird und sie immer noch stehen kann.

- **Verändere den Startzeitpunkt:** Lasse Deine Französische Bulldogge in der Sitzposition ausharren und lasse sie erst auf Dein Auflöse-Kommando hin dem Beutel hinterherjagen. Du glaubst gar nicht, was für eine körperliche und geistige Herausforderung es für sie sein wird, still zu halten und zu warten.

- **Variiere die Anzahl:** Warum immer nur ein Beutel? Kombiniere dieses Körper-Training mit einem Gedächtnistraining. Lass Deine Französische Bulldogge in der Sitz-Position ausharren und werfe nacheinander zwei Beutel. Jetzt muss sie sich merken, wo beide Beutel gelandet sind und darf dann erst loslaufen. Natürlich kannst Du auch hier die Anzahl variieren und kannst zusätzlich durch entsprechende Kommandos trainieren, welcher Beutel zuerst gebracht werden soll.

Du merkst, Apportieren kann so viel mehr sein, als nur einem Stöckchen hinterher zu rennen. Wenn Wölfe im Rudel jagen, ist die Kommunikation das Wichtigste. Stimmt die Kommunikation nicht, kommt es zu keinem Jagderfolg, was lebensbedrohlich sein kann. Daher kommunizieren Wölfe sehr klar miteinander und achten auf jede Nuance.

Heute ist es leider so, dass viele Hunde ihre Menschen nicht verstehen und umgekehrt, was häufig zu Missverständnissen und Problemen führt. Durch das gemeinsame Apportier-Training lernst sowohl Du die Sprache Deines Hundes, als auch Deine Französische Bulldogge Deine Sprache kennen. Und nur wer die Sprache des anderen spricht, kann auch eine enge Bindung aufbauen.

Durch durchdachtes und konsequentes Apportieren wird nicht nur die Aufmerksamkeit, Konzentration und Kondition Deiner Französischen Bulldogge gefördert, sondern auch ihr Gehorsam, ihr Vertrauen und ihre Bindung zu Dir.

Aber wie anfangs schon erwähnt, hat einfach nicht jeder Hund Spaß daran, Gegenständen hinterherzurennen und sie zu Dir zurückzubringen. Oder manche Hunde benötigen auch keine erhöhte Schwierigkeit, sondern sind einfach schon damit zufrieden, immer wieder das Gleiche zu tun.

Das ist beides vollkommen in Ordnung und normal. Wichtig ist, dass Du auf die Zeichen Deiner Französischen Bulldogge achtest und nicht versuchst, Deinen Hund in eine Form zu pressen, in die er nicht passt.

Solltest Du selbst immer noch Zweifel haben, wie Du das Training richtig umsetzt, bieten auch viele Hundeschulen Apportierkurse an, die ich nur empfehlen kann.

Schnellüberblick, wieso Apportieren für Dich und Deine Französische Bulldogge ein sinnvolles Training ist:

1. Apportieren passt perfekt zu den natürlichen Instinkten, die auch in Deiner Französische Bulldogge vorhanden sind, wenn auch nicht so offensichtlich, wie bei anderen Rassen.

2. Es hilft Dir bei jagdbegeisterten Individuen dieser Rasse, eine attraktive Alternative zum Jagen auf eigene Faust anzubieten.

3. Es lastet Deine Französische Bulldogge durch das hin- und herlaufen nicht nur körperlich aus. Durch das Warten, bis das Start-Kommando kommt oder das Merken von verschiedenen Wurfgegenständen, wird Deine Französische Bulldogge auch noch geistig ausgelastet – was bei diesem aufgeweckten Tier sehr wichtig ist.

4. Du erhältst eine einfache Trainingsmethode, die Du immer und überall durchführen kannst – ob zu Hause, im Garten oder unterwegs, Du benötigst nur Deine „Beute“ und schon kann es losgehen.

REIZANGEL-TRAINING

Das Reizangel-Training ist ebenso wie das Apportier-Training eine Beschäftigung, die den Jagdinstinkt Deiner Französischen Bulldogge triggert. Natürlich kann es bei dieser Art Training dazu kommen, dass Du den Jagdinstinkt Deiner Bulldogge noch verstärkst oder ihn überhaupt erst weckst.

Doch das ist nicht das eigentliche Ziel bei dieser Übung. Ursprünglich stammt das Reizangel-Training aus der Jagdhundausbildung. Sinn und Zweck war es dabei aber nicht nur, die Jagd nach einem flüchtenden Tier zu simulieren, sondern eine Reizkontrolle zu erlangen.

Was genau heißt das?

Beim Reizangel-Training geht es nicht nur darum, Deiner Französischen Bulldogge eine artgerechte Alternative zur wirklichen Jagd zu bieten und sie damit zu ermüden. Das eigentliche Ziel besteht darin, ihren Gehorsam in einer besonders hohen Reizlage zu trainieren und ihr eine Kontrolle über ihre Instinkte und Impulse zu verschaffen. Denn niemand profitiert davon, wenn Deine Französische Bulldogge unkontrolliert einem Wildtier oder einer Katze hinterher hetzt oder mit Artgenossen so wild spielt, dass sie alles um sich herum vergisst. Für Deine Französische Bulldogge kann das sogar lebensbedrohlich werden, da sie in einer solchen Situation herannahende Autos oder andere Bedrohungen nicht mehr beachtet.

Und genau hierfür bietet Dir das Reizangel-Training eine Lösung. Denn die Reizangel ist Dein verlängerter Arm, der es Dir erlaubt, möglichst spannende Jagdspiele zu imitieren, die Dein vierbeiniger Freund mit Begeisterung aufnimmt. Gleichzeitig ermöglicht sie Dir, jederzeit die Kontrolle über Deine Französische Bulldogge zu behalten, da ihr in einer kontrollierten Umgebung und eventuell unter Zuhilfenahme einer Schleppleine trainiert. Das ist eine ganz andere Trainingsvoraussetzung, als ein plötzlich flüchtendes Wildtier am Wegrand.

Wendest Du das Reizangel-Training richtig an, wird Deine Französische Bulldogge lernen, während ihrer Hetzjagd abrufbereit zu bleiben. Sprich, sie ist bereit und in der Lage, die Jagd nach der flüchtenden Beute zu unterbrechen und ruhig im Sitz oder Platz auf Dich zu warten. Des Weiteren wird sie lernen, erst auf Dein Kommando mit der Hetzjagd zu beginnen. Das Selbe gilt natürlich für das Spiel mit Artgenossen. Bei richtigem Training wird sie hier zukünftig ebenfalls abrufbereit bleiben und auf Dein Start-Kommando warten, um loszulegen.

Klingt das so, als wäre es das richtige Training für Dich und Deine Französische Bulldogge? Klingt es so, als würdet ihr beide davon profitieren?

Wenn ja, dann erfährst Du jetzt, wie es funktioniert.

Wichtig ist, dass Du dieses Training erst mit einer ausgewachsenen Französischen Bulldogge durchführst. Die körperliche Belastung ist in der kurzen Zeit sehr intensiv und daher nicht für die noch im Wachstum begriffenen Gelenke eines Welpens geeignet. Auch sollte Deine Bulldogge ansonsten vollkommen gesund sein. Natürlich benötigt Dein Hund auch ein gewisses Maß an Beutetrieb. Ist dieser nicht vorhanden und zeigt er auch nach mehrmaligen Versuchen inklusive Futterabstinenz keinen Spaß, ist dies nicht das richtige Training für ihn.

Was benötigst Du für das Training?

In der Regel nicht viel. Du brauchst eine Reizangel, die im Prinzip nur aus einem Stab und einer Schnur besteht. Diese kannst Du entweder käuflich erwerben oder Dir selber bauen. Es gilt die Devise: Je größer der Hund, desto größer sollte auch die Reizangel sein. Für eine ausgewachsene Französische Bulldogge empfehle ich eine Stocklänge von mindestens 1,5 m und eine eben solange Schnur. Du kannst zwar auch einen massiven Stock nehmen, ich empfehle Dir aber etwas Flexibleres, das leicht und biegsam ist. Das vereinfacht das Training deutlich.

Wichtig bei der Schnur ist, dass diese nicht zu fein ist. Du solltest daher auf keinen Fall eine echte Angelschnur verwenden. Denn es kann immer mal vorkommen, dass Dein Hund nach der Schnur schnappt und sich mit dieser schwere Verletzungen im Maul zuzieht, wenn sie zu dünn ist. Ich empfehle hier eine Dicke von mindestens 4 mm.

Was Du als Beute verwendest, hängt größtenteils von Deiner Französischen Bulldogge ab. Was mag sie besonders? Du kannst ein Spielzeug, einen Futterbeutel oder nur ein Stück Stoff nehmen – es ist eigentlich egal, solange es für Deine Bulldogge interessant genug ist. Ähnlich wie beim Apportieren werden auch hier einige Hunde nur dann wirklich Sinn in diesem Training sehen, wenn sie tatsächlich ihrem Futter – sprich einem Futterbeutel – hinterherjagen.

Ich habe schon am Anfang dieses Buches erwähnt, dass Deine Französische Bulldogge für die nachfolgenden Trainings einige Grundkommandos schon wie aus dem Effeff beherrschen muss. Das gilt auch für das Reizangel-Training. Die Kommandos »Sitz«, »Platz« und »Bleib« setze ich als gegeben voraus. Auch das Kommando »Sitz auf Entfernung« sollte Dein Hund hierfür beherrschen. Sollte das nicht der Fall sein, bitte ich Dich erneut, dieses Training nachzuholen, denn ansonsten macht es keinen Sinn, fortzufahren.

Beherrscht Dein Hund die Kommandos, kannst Du damit beginnen, ihn auf die Beute aufmerksam zu machen. Beginne dafür, die an der Reizangel befestigte Beute in der Nähe Deiner Französischen Bulldogge in raschen Bewegungen über den Boden zu bewegen.

Mein Tipp: Übe das erst einmal ohne Deine Französische Bulldogge, denn es ist gar nicht so einfach, wie Du im ersten Moment denkst. Die Reizangel schnell und flüssig zu bewegen, verlangt schon ein bisschen Übung, insbesondere, wenn Deine Französische Bulldogge direkt darauf reagiert und energisch hinterherjagt. Übe daher ein paar Mal, bevor Du es mit ihr trainierst.

Zeigt Deine Französische Bulldogge Interesse und läuft sie der Beute hinterher, solltest Du sie mit einer kurzen Verfolgungsjagd belohnen. Lasse sie die Beute aber bitte nicht fangen. Stattdessen ziehst Du die Beute nach einer kurzen Jagd hoch und nimmst sie an Dich. Gib das Kommando »Sitz« und warte, bis sich Deine Französische Bulldogge gesetzt hat. Als Belohnung lässt Du die Beute wieder los, gibst ein Auflösungszeichen (ich verwende hier »Los«, Du kannst aber auch jedes beliebige andere Wort wählen) und lässt sie erneut jagen.

Diese Übung wiederholst Du solange, bis Deine Französische Bulldogge ohne zu zögern auf Dein »Sitz«-Kommando reagiert, wenn Du die Beute in der Hand hältst.

Da dieses Training hoch anstrengend für Deine Französische Bulldogge ist, sollte eine Trainingseinheit die Dauer von 15 Minuten nicht überschreiten. Am Anfang sollte sie sogar deutlich kürzer sein. Achte bitte zum Wohle Deines Hundes und seiner Bänder und Gelenke darauf. Reizangel-Training ist Hochleistungssport. Außerdem empfehle ich eine kurze Aufwärmphase vor dem Training. Gehe vorher kurz 15-20 Minuten mit ihr locker spazieren, das wärmt ihre

Muskeln auf und verringert wie bei uns Menschen die Verletzungsgefahr.

Deine Französische Bulldogge beherrscht jetzt die Grundlagen des Reizangel-Trainings. Als Nächstes geht es darum, die nächsten und somit schwierigeren Schritte zu trainieren:

- **Nicht einfach drauf los hetzen:** Deine Französische Bulldogge muss lernen, dass sie nicht einfach loslaufen und der Beute nachsetzen darf. Sie hat immer auf das Signalwort »Los« zu warten, bis sie loslaufen darf. Du trainierst das, indem Du die zuvor beschriebene Übung leicht variierst. Gib Deiner Französischen Bulldogge vor der Übung das Kommando »Sitz«. Erst, wenn sie entspannt sitzt, lässt Du die Beute in kurzer Distanz vor ihr auf den Boden sinken. Sobald sie aufstehen will, gibst Du das Signal »Bleib«. Bleibt sie sitzen, wartest Du zu Beginn nur wenige Sekunden, bevor Du ihr mit »Los« endlich erlaubst, der Beute nachzujagen. Lass den Zeitraum zwischen den beiden Kommandos langsam anwachsen.

Bleibt Deine Bulldogge nicht sitzen, ziehst Du die Beute schnell hoch und nimmst sie wieder in die Hand. Lass sie wieder sitzen und versuche es erneut. Klappt es und hast Du auch die Zeit erhöht, kannst Du dazu übergehen, die Reizdosis zu erhöhen. Bewege die Beute schnell auf sie zu oder von ihr weg, schlage Haken mit ihr und bewege sie schlagartig. Deine Französische Bulldogge muss dabei die ganze Zeit in ihrer Sitzposition ausharren. Steht sie auf, nimmst Du die Beute erneut aus dem Spiel und beginnst von vorne. Deine Bulldogge darf nur dann ihrem Jagdinstinkt fronen, wenn sie vorher korrekt sitzengeblieben ist und auf Dein Start-kommando gewartet hat.

- **»Sitz« während der Jagd:** Die nächste Steigerungsform besteht darin, dass Deine Französische Bulldogge auf Dein Kommando hin die Jagd unterbricht und sich hinsetzt und das, ohne dass Du die Beute aus dem Spiel nimmst. Grundvoraussetzung hierfür ist, dass sie »Sitz auf Entfernung« beherrscht. Ich rate Dir außerdem, dass Du mit dieser Übung erst beginnst, wenn sich Deine Französische Bulldogge schon etwas ausgepowert hat und sie ihrem Jagdtrieb schon ein paar Mal nachgehen konnte. Es kann auch hilfreich sein, eine andere Person zu bitten, die Reizangel zu führen, damit Du Dich vollkommen auf Deine Bulldogge konzentrieren kannst.

So beginnst Du die Übung: Du lässt die Beute vor Deiner bereits ermüdeten Französischen Bulldogge in eher langsamen und behäbigen Bewegungen fliehen. Gib ihr das Startsignal »Los«. Sobald sie die Verfolgung aufgenommen hat, lässt Du das Kommando »Sitz« erklingen, ohne dabei die Beute aus dem Spiel zu nehmen. Setzt sie sich nicht sofort, nimmst Du die Beute doch aus dem Spiel, indem Du sie hochziehst und wieder in die Hand nimmst. Verlange erneut »Sitz« und starte die Übung von neuem, sobald dem Folge geleistet wird.

Bei manchen Hunden wird es nötig sein, sich ihnen anfangs kurz in den Weg zu stellen, um sie ins »Sitz« zu bewegen. Sobald sie sich auch nur für den Bruchteil einer Sekunde korrekt gesetzt hat, kannst Du sie mit dem Auflösungssignal »Los« wieder ihrer Beute hinterherlaufen lassen. Die Beute sollte dabei die gesamte Zeit in Bewegung bleiben und nicht still liegen.

Klappt dies, kannst Du auch hier die Schwierigkeit steigern. Gehe aber bitte nur in kleinen Schritten vor. Diese Übung ist hochgradig anspruchsvoll und verlangt Deiner Französischen Bulldogge alles ab. Eine bereits begonnene Jagd zu unterbrechen und sich geduldig hinzusetzen, ist nicht leicht. Verzweifle daher nicht, wenn Deine Bulldogge viele Anläufe braucht und Du die Jagd des Öfteren wieder abbrechen musst. Beginne in diesem Fall eventuell nochmal mit dem Training von »Sitz auf Entfernung«.

Meistert Deine Bulldogge diese Übung, wirst Du in der Lage sein, auch bei der höchsten Reizdosis, sprich einer schnellen und intensiven Jagd oder einem Spiel, Deine Französische Bulldogge zum »Sitz« zu bringen. Und auch die größtmögliche Ablenkung einer sich schnell bewegenden Beute oder eines Spielkameraden wird Deinen Hund nicht dazu veranlassen, die Jagd ohne Dein Kommando wieder aufzunehmen.

- **»Platz« während der Jagd:** Diese Übung ist die natürliche Steigerungsform der vorherigen. Anstelle des »Sitz«-Kommandos gibst Du Deiner Französischen Bulldogge jetzt das »Platz«-Kommando. Mit diesem Training solltest Du erst anfangen, wenn das »Sitz« während der Jagd kein Problem mehr darstellt, alles andere wäre kontraproduktiv. Auch bei dieser Übung ist eine Menge Geduld gefragt, bis Deine Französische Bulldogge sie beherrscht. Aber denke immer daran, durch Konsequenz und Wiederholung wirst Du Dein Ziel erreichen.

- **Beute abgeben:** Es gibt viele Trainer, die sagen, dass Deine Französische Bulldogge die Beute beim Reizangel-Training niemals zu fassen bekommen darf. Meine Meinung dazu: Es ist gar nicht möglich, dies zu verhindern. Egal wie gut Du mit der Angel bist, irgendwann wird sich Deine Bulldogge die Beute schnappen. Wichtig ist nur, dass Du, wenn sie die Beute fängt, richtig damit umgehst. Hier gehst Du bitte wie beim Apportier-Training vor und lässt Dir die Beute bringen. Es ist sehr wichtig, dass dies einwandfrei funktioniert und Deine Französische Bulldogge die Beute immer freiwillig bei

Dir abgibt. Zur Belohnung erhält sie daraufhin selbstverständlich ein Leckerchen aus dem Futterbeutel.

Folgst Du diesen Trainingstipps, wirst Du überrascht sein, wie sich eure Hund-Mensch-Beziehung entwickelt. Denn erinnere Dich, Ziel des Reizangel-Trainings ist es nicht nur, Deine Französische Bulldogge auszupowern, sondern es geht darum, sie auch in Reizsituationen zu kontrollieren. Und genau das ist nur möglich, wenn sie lernt, ihre Konzentration auf die Beute UND auf Dich zu richten. Alles andere muss von ihr ausgeblendet werden.

Deiner Französische Bulldogge gibst Du zusätzlich die Möglichkeit, ihren angeborenen Jagdinstinkt zu befriedigen und schaffst gleichzeitig die Grundlagen, um unerwünschte und unkontrollierte Hetzjagden zu verhindern oder notfalls zu stoppen.

Und das Gute ist: Du brauchst dafür weder eine teure Hundeschule noch teure Materialien oder selbst eine Ausbildung. Wie immer im Hundetraining, kommt es hauptsächlich auf Konsequenz, Timing und Wiederholung an. Wenn Du diese drei Kernpunkte beachtest, kann jeder Hundeführer das Reizangel-Training erfolgreich bei seinem Hund einsetzen.

Schnellüberblick, wieso Reizangel-Training für Dich und Deine Französische Bulldogge ein sinnvolles Training ist:

1. Reizangel-Training passt wie das Apportieren zu den Instinkten Deiner Französischen Bulldogge.

2. Deine Französische Bulldogge erhält nicht nur eine spannende Alternative zur eigenständigen Jagd, sondern bleibt während der Jagd oder dem Spiel abrufbar für Dich – was eine Errungenschaft darstellt, die mit Geld nicht zu bezahlen ist.

3. Das Training ist hochgradig effektiv. Schon 15 Minuten reichen aus, um auch ein aufgewecktes Kerlchen wie Deine Französische Bulldogge merklich auszupowern.

4. Französische Bulldoggen sind häufig sehr verspielt und neigen dazu, alles um sie herum inklusive ihrer Halter zu vergessen. Mit dem Reizangel-Training lernt Dein Hund, auch in solchen Situationen noch auf Dich zu achten und abbrufbereit zu bleiben.

WEITERE ANREGUNGEN

Mit dem Apportier- und dem Reizangel-Training hast Du jetzt zwei Möglichkeiten kennengelernt, um Deine Französische Bulldogge körperlich zu trainieren und eure Bindung zu stärken. Wie eingangs bereits erwähnt, sind diese beiden Trainingsformen jedoch nicht die einzigen Methoden.

Nachfolgend stelle ich Dir noch ganz kurz drei weitere Trainings vor, von denen ich persönlich sehr viel halte. Da sie allerdings deutlich komplexer sind und meiner Meinung nach auch die persönliche Betreuung durch einen ausgebildeten Trainer benötigen, gehe ich hier nicht zu sehr ins Detail. Sollten sie Dein Interesse wecken, rate ich Dir, eine gute Hundeschule in Deiner Nähe zu suchen, die sich darauf spezialisiert hat.

Kommen wir zum Ersten dieser drei Trainings: dem **Agility-Training**. Agility stammt ursprünglich aus England und mich erinnert es immer sehr an Springreitturniere aus dem Pferdesport. Denn ähnlich wie bei einem solchen Turnier ist das Ziel von Agility, dass Deine Französische Bulldogge einen Parcours mit Hindernissen abläuft. Beispiele für diese Hindernisse sind Wippen, Laufstege, Tunnel, Reifen oder Slaloms.

Das Training verbessert dabei nicht nur die Führigkeit und Geschicklichkeit Deiner Französischen Bulldogge, sondern stärkt auch eure Zusammenarbeit. Ihr lernt die Hindernisse immer erst zusammen kennen und meistern und anschließend bist Du es, der die Abfolge vorgibt.

Mittlerweile ist Agility zu einem echten Modesport geworden, der den meisten Hundehaltern ein Begriff ist. Die einzigen Bedenken, die ich hierbei habe, gelten der Suchtgefahr für Deine Französische Bulldogge. Bespreche dies unbedingt im Vorhinein mit Deinem Trainer, falls Deine Bulldogge ohnehin schon eine enorm hohe Bereitschaft für ausgiebige Bewegung aufweist. Ansonsten ist Agility bedenkenlos zu empfehlen.

Es gibt auch viele Hundeschulen, die Agility extra für kleine Rassen anbieten. Das würde ich Dir ebenfalls empfehlen. Denn gerade bei diesem schnellen Sport gibt es große Unterschiede, wenn man in der Gruppe trainiert. Ein Schäferhund oder ein Border Collie stellt doch andere Ansprüche als eine Französische Bulldogge oder ein Dackel.

Das zweite Training, dass ich Dir nicht vorenthalten möchte, ist das **Treibball-Training**. Dieses ist zwar hauptsächlich für Arbeitshunde wie den Schäferhund gedacht, aber es gibt auch immer wieder Individuen anderer Rassen, die einen großen Spaß daran haben. Natürlich ersetzt dieses Training nicht eins zu eins eine Schafherde, aber es kommt dieser schon recht nahe.

Denn beim Treibball-Training geht es darum, Gymnastikbälle in ein Tor zu manövrieren. Das klingt vielleicht leicht, ist aber sehr komplex. Denn Deine Französische Bulldogge muss hierbei zielgerichtet und selbstständig arbeiten, und wird von Dir ausschließlich durch Sprachkommandos angewiesen. Das heißt, Du musst Dich aus der Distanz verständlich machen können und Deine Französische Bulldogge muss in der Lage sein, schnell zu Lernen, konzentriert zu bleiben und jederzeit auf Dich zu achten und zu hören.

Die Schwierigkeit kann dabei jederzeit erhöht werden, indem nicht nur die Anzahl der Bälle, sondern auch die Reihenfolge oder die Laufwege neu definiert werden. Da dieses Training hochgradig komplex ist, solltest Du es nicht ohne die Hilfe eines professionellen Trainers angehen. Bücher oder Videos reichen hier mitnichten aus. Allein schon bei der Auswahl der richtigen Bälle und der ersten Kontaktaufnahme mit diesen können schon unglaublich viele Fehler begangen werden, die das weitere Training gravierend beeinflussen.

Das dritte Training erinnert ebenfalls – wie das Agility-Training – an den Pferdesport, denn hierbei handelt es sich um das **Longieren**. Es mag zwar im ersten Moment seltsam klingen, aber auch ein Hund kann longiert werden und das sogar sehr erfolgreich und effektiv. Die Ausübung dieser Sportart für den Hund ist noch relativ jung, ich sehe aber ein großes Potential in ihr, was auch dadurch belegt wird, dass sie immer mehr Anklang findet.

Ähnlich, wie beim Pferdesport, läuft auch der Hund beim Longieren entlang eines Longierkreises. Dieser wird in der Regel vorher abgesteckt. Der Hund muss dabei sowohl Kommandos befolgen, als auch bestimmte Übungen ausführen und teilweise auch Hindernisse überwinden. Du als Kommandogeber stehst dabei die gesamte Zeit im Kreisinneren und lenkst Deine Französische Bulldogge aus der Entfernung.

Klassische Kommandos, die zu befolgen sind, sind beispielsweise das Loslaufen und Stehenbleiben, aber auch das schneller und langsamer Laufen. Übungen können beispielsweise das rechts- und linksrum im Kreis Drehen sein. Zu Beginn wird beim Longieren häufig noch mit der Leine gearbeitet, um den Hund besser kontrollieren zu können. Das Ziel sollte es allerdings sein, dass er alle Befehle auch ohne Leine ausführt.

Wie bei den beiden anderen Methoden empfehle ich auch hier die Zuhilfenahme eines ausgebildeten Hundetrainers vor Ort. Auch dieses Training ist zu komplex, um es alleine zu Hause zu meistern.

Ich hoffe, ich konnte Dir in diesem Kapitel noch ein paar Anregungen verschaffen, wie Du Deinen Hund noch zusätzlich trainieren kannst. Obwohl die Französische Bulldogge kein klassischer Arbeitshund ist, kannst Du sie dennoch vielfältig beschäftigen und trainieren. Durch ihr pfiffiges, aufmerksames und verspieltes Wesen ist sie neuen Übungen gegenüber meist aufgeschlossen und macht bei guter Motivation auch begeistert mit. Wichtig ist nur, darauf zu achten, dass sie durch ihre Kurzatmigkeit nicht überbeansprucht wird.

- Kapitel 5 -

DAS INTELLIGENZ-TRAINING

WAS IST INTELLIGENZ-TRAINING?

Im Gegensatz zum Körper-Training, ist das Intelligenz-Training definitiv die unbekanntere Trainingsmethode. Da sie so unbekannt ist, fragst Du Dich vielleicht, wieso es für Hunde überhaupt so etwas wie Intelligenz-Training gibt.

Ganz einfach:

Hunde sind vernunftbegabte Wesen und können sehr intelligent sein. Je nach Rasse, ist ihnen eine gewisse Intelligenz schon in die Wiege gelegt worden, aber auch hier gibt es immer Individuen mit einer stärkeren oder schwächeren Ausprägung.

Mit Deiner Französischen Bulldogge hast Du Dich zwar nicht für die mit Abstand intelligenteste Rasse entschieden, aber sie gilt immer noch als sehr auffassungsschnell. Neue Befehle lernt sie im Schnitt nach 40 bis 80 Wiederholungen. Ich kann Dir daher nur raten, diese Intelligenz auch zu fördern. Denn jedes vernunftbegabte Wesen will sein Wissen und seine Intelligenz auch nutzen. Ähnlich wie die Muskeln trainiert werden wollen, giert auch das Gehirn Deiner Französischen Bulldogge nach Auslastung. Eine reine körperliche Ertüchtigung wird bei einer Rasse wie Deiner Französischen Bulldogge nicht ausreichen, um sie wirklich artgerecht zu halten.

Du kennst es sicherlich auch vom Menschen: Wenn wir geistig unterfordert werden, nagt das an unserer Stimmung und die schlechte Laune überträgt sich schnell auf unser Verhalten. Ebenso wird es Deiner Französischen Bulldogge ergehen. Daher ist es wichtig, dass Du ihr neben der reinen körperlichen Betätigung auch eine geistige Auslastung bietest.

Doch wie genau stellst Du das an?

Hier gibt es zwei Arten. Das eine ist die zielgerichtete Ausbildung. Hiermit meine ich, dass Deine Französische Bulldogge die Kommandos »Sitz« und »Platz« lernt oder dass sie sich vor dem Essen vor ihren Napf setzen soll und darauf wartet, dass Du ihr das Startkommando zum Fressen gibst.

All das sind Übungen, denen ein klares Verhaltensmuster zu Grunde liegt. Dieses Muster zu erkennen und es anschließend immer wieder zu wiederholen, ist das Hauptziel des Trainings. Dein Hund wird sogleich belohnt, wenn er das gewünschte Verhalten zeigt, was ihn natürlich dazu bewegt, weiter mitzumachen.

Diese Art von Training hast Du bereits in vielen Teilbereichen erfolgreich etabliert. Auch das Sonder-kapitel zum Thema Fun-Training wird sich genau darauf beziehen. Es ist eine hervorragende Art, Deine Französische Bulldogge geistig zu fordern. Aber es ist nicht die Einzige.

Was ich Dir in diesem Kapitel vermitteln möchte, ist eine andere Form des Trainings. Hierbei geht es mir nicht darum, dass Deine Französische Bulldogge ein bestimmtes Lernziel erreicht, sondern dass sie eine Aufgabe erhält, bei der sie ein Problem lösen soll.

Das Lösen eines Problems fordert ihr Gehirn auf ganz andere Art und Weise und kommt gerade sehr nah an die Herausforderungen heran, denen sich ihre Vorfahren vor einigen Jahrhunderten in freier Wildbahn stellen mussten.

Aus diesem Grund stelle ich Dir in diesem Kapitel folgende Trainingsmethoden vor: Die Futtersuche, das Geruchstraining und das Gedächtnistraining.

Worin genau die Vorteile dieser Trainingsmethoden liegen, erfährst Du im nächsten Kapitel.

WAS SIND DIE VORTEILE?

Die Vorteile des Intelligenz-Trainings, das sich nicht nur auf das Erkennen und Wiederholen von Verhaltensmustern konzentriert, sondern das Problemlösungsverhalten Deines Hundes anspricht, sind zahlreich.

Als Erstes dient es dazu, den wahren Charakter Deiner Französischen Bulldogge kennenzulernen. Denn im Gegensatz zum Körper-Training und dem Erkennen und Wiederholen von Verhaltensmustern, bekommt sie hier zum ersten Mal Platz für ihre eigenen Ideen.

Du wirst schnell feststellen, ob Deine Französische Bulldogge kreativ und erfinderisch ist und ob sie als Teamplayer taugt oder lieber alleine die Lösung findet. Und ganz wichtig, Du wirst merken, wie eng sie mit Dir zusammenarbeitet.

Um das zu erreichen musst Du darauf achten, dass Du die Aufgaben immer so stellst, dass sie Deine Französische Bulldogge nicht durch erlernte Muster bewerkstelligen kann. Die Aufgaben sollten immer ihre Geschicklichkeit, ihren Einsatz von Strategien oder ihre Kooperation mit Dir – ihrer menschlichen Bezugsperson – berücksichtigen.

Ein weiterer Vorteil ist, dass dieses Training nicht nur die Intelligenz und Kreativität Deiner Französischen Bulldogge beansprucht, sondern auch die Deine. Auch Du wirst gefordert sein, was das Training für euch beide spannend und abwechslungsreich gestaltet.

Aber habe jetzt keine Angst, Du musst kein Genie dafür sein. Wie bei allem kommt es auch hier wieder auf Konsequenz, Timing und Wiederholung an – und eine kleine Prise Kreativität. Am wichtigsten ist auch hier Deine Begeisterung. Bist Du mit Begeisterung und Spaß dabei, wird sich das auf Deine Französische Bulldogge übertragen und sie wird ebenfalls mit Freude an dem Training teilnehmen.

Zu guter Letzt ist diese Form des Trainings für Deine Bulldogge sehr intensiv und dadurch anstrengend. Du wirst merken, dass eine viertel Stunde Nasenarbeit (also beispielsweise die Futtersuche) Deine Französische Bulldogge deutlich stärker beansprucht, als eine um einiges längere Zeit der aktiven körperlichen Ertüchtigung.

Wenn sie begeistert und angestrengt bei der Sache ist, wird sie sich anschließend nur zu gerne ausruhen und erstmal eine Runde schlafen. Dieser Effekt ist vor allem bei absoluten Sportskanonen zu beobachten, die mit körperlichen Aktivitäten alleine kaum noch aus der Reserve zu locken sind.

Was meinst Du, klingt das nach einer guten Beschäftigung für Dich und Deine Französische Bulldogge?

Ist Dein Hund intelligent?

Du fragst Dich jetzt vielleicht, ob Deine Französische Bulldogge intelligent genug für dieses Training ist.

Die Antwort lautet: JA!

Kein Hund ist zu dumm für Intelligenz-Training. Es kann sein, dass der eine Hund es schneller lernt, als der andere, aber jeder kann es lernen, wenn Herrchen und Frauchen nur geduldig genug sind und die Übungen richtig aufbauen. Auch gibt es bei jeder Übung genügend Abstufungen, sodass sowohl für besonders schlaue, als auch für nicht ganz so schlaue Hunde genügend Alternativen vorhanden sind.

Außerdem finde ich es immer schwierig, jemanden als schlau oder dumm zu bezeichnen. Wie bei uns Menschen ist der eine vielleicht in Mathematik ein absolutes Genie, hat aber keine Ahnung, wie er zwischenmenschlich richtig kommunizieren muss. Ebenso ist es auch bei Hunden.

Aus diesem Grund unterscheidet der amerikanische Psychologe und Hundeforscher Dr. Stanley Coren drei Arten von Intelligenz bei Hunden:

1. Instinktive Intelligenz: Diese beinhaltet alles, was an Deine Französische Bulldogge vererbt wurde. Hierunter fällt daher die Intelligenz, die ich Deiner Französischen Bulldogge attestiert habe, einzig und allein deshalb, weil es sich bei ihr um die Rasse der Französischen Bulldogge handelt.
2. Adaptive Intelligenz: Hierbei handelt es sich um das erlernte Können Deiner Französischen Bulldogge, also alles, was Du ihr (oder sie sich selbst) beigebracht hast.
3. Arbeits- und Gehorsamsintelligenz: Hiermit ist gemeint, wie schnell Deine Französische Bulldogge neue Befehle erlernt beziehungsweise wie oft neue Übungen wiederholt werden müssen, bis sie sie verinnerlicht hat.

Wie bei uns Menschen auch, kann Deine Französische Bulldogge in einem Bereich extrem gut sein, in einem anderen dafür nicht. Das ist ganz normal.

Ich persönlich empfehle gerade für Anfänger sogar die Haltung von nicht ganz so intelligenten Hunden. Wieso? Je intelligenter ein Hund ist, desto höher sind die Ansprüche an seine Haltung. Denn wie schon erwähnt, lernt er nicht nur die positiven Dinge schnell, sondern auch alles, was Du eigentlich nicht willst. Ein nicht ganz so schnell lernender Hund ist deutlich genügsamer und weniger kreativ darin, Deine Befehle zu umgehen.

Häufig wird ein Hund auch zu Unrecht für dumm gehalten. Das kann daran liegen, dass der Halter eventuell ein schlechtes Timing bei der Belohnung aufweist und dadurch unbewusst das falsche Verhalten fördert. Es kann aber auch daran liegen, dass ein besonders schlauer Hund keinen Sinn darin sieht, einem Ball hinterher zu hechten und es darum nicht machen will – egal wie gut das Training aufgebaut ist. Dann ist dieser Hund nicht dumm, sondern eigentlich sogar ziemlich intelligent.

Du siehst also, es kommt nicht darauf an, wie intelligent Deine Französische Bulldogge ist, sondern wie Du damit umgehst und wie Du ihre Intelligenz förderst.

Französische Bulldoggen weisen in der Regel eine durchschnittliche Arbeits- und Gehorsamsintelligenz auf. Das heißt für Dich, sie verstehen neue Befehle und Übungen nicht nach den ersten fünf Wiederholungen, aber sie benötigen auch nicht übermäßig lang. Im Schnitt sind es 40 bis 80 Wiederholungen, bis ein Befehl wirklich verinnerlicht wurde.

Du musst zwar etwas geduldiger sein, als beispielsweise bei einem Border Collie, der laut Dr. Coren die höchste Arbeits- und Gehorsamsintelligenz aufweist, dafür ist Dein kleiner Racker aber auch deutlich weniger anspruchsvoll und verzeiht kleinere Unfeinheiten in der Erziehung. Gerade für Anfänger im Hundetraining ist das Gold wert.

Nichtsdestotrotz solltest Du natürlich auch bei Deiner Französischen Bulldogge versuchen, die Übungen so sauber und akkurat wie möglich auszuführen, denn es gibt immer einen Grund, wieso sie so aufgebaut sind, wie sie sind.

VORSTELLUNG DER TRAININGSMETHODEN

FUTTERSUCHE

Die Futtersuche ist die erste Trainingsmethode, die ich Dir vom Intelligenz-Training vorstelle. Wie Du bestimmt schon vermutet hast, beruht sie darauf, dass Deine Französische Bulldogge ihr Futter finden soll. In den meisten Fällen wird sie hierfür auf ihren Geruchssinn zurückgreifen, was wir im Hundetraining „Nasenarbeit“ nennen.

Doch wieso ist Nasenarbeit für Hunde eigentlich so spannend?

Im Gegensatz zu uns Menschen, die wir nur über 5 Mio. Riechzellen in unserer Nase verfügen, haben die meisten Hunderassen 200 Mio. Riechzellen. Das heißt, sie nehmen ihre Umgebung ganz anders wahr, als wir.

Deine Französische Bulldogge gehört mit ihrer gekürzten Schnauze zwar nicht zu den Schnüffelkönigen unter den Hunderassen, sie nimmt aber immer noch eine Unmenge mehr an Gerüchen wahr, als Du und ich.

Denn wusstest Du zum Beispiel, dass Deine Französische Bulldogge – anders als wir Menschen – in der Lage ist, zu bestimmen, welcher Geruch mit welcher Intensität von welchem Nasenloch aufgenommen wurde? Dadurch schafft sie es, einen Geruch nicht nur zu identifizieren, sondern auch zu bestimmen, aus welcher Richtung er kommt und wohin sich die „Beute" bewegt hat.

Zusätzlich nimmt Deine Französische Bulldogge nicht nur ein Geruchsgemisch wahr, wie wir Menschen, sondern kann jeden Geruch einzeln identifizieren und zuordnen. Und genau diese Eigenschaften prädestinieren sie zur Futtersuche.

Doch die Futtersuche hat auch noch einen weiteren Vorteil. Die Futtersuche kommt dem natürlichen Leben und damit ihren Instinkten sehr nahe: Spurensuche, Beute machen, Fressen. Eine artgerechtere Beschäftigung gibt es kaum. Außerdem fördert diese Beschäftigung den Teamgeist. Deine Französische Bulldogge lernt, dass Du fast die gleichen Fähigkeiten besitzt, wie sie selbst und dass es sich für sie lohnt, Dir ihre Aufmerksamkeit zu schenken und Deinen Anweisungen zu folgen. Denn Du weißt immer, wo es Spuren, Beute und Futter für sie gibt.

Um all diese Vorteile zu erzielen, ist es aber wichtig, die Übung richtig aufzubauen, und auf einige Dinge schon im Vorfeld zu achten:

- Um Deine Französische Bulldogge in dieser hohen Reizlage unter Kontrolle zu halten (insbesondere wenn ihr nicht im eigenen Garten trainiert), solltest Du sie immer an der Leine halten.
- Gerade am Anfang solltest Du auf eine reizarme Umgebung Wert legen. Ich bevorzuge meist zuerst die eigenen vier Wände, dann den Garten und erst, wenn es auch dort funktioniert, gehe ich mit meinen Übungen auf Wiesen und Wälder über. Du solltest aber immer darauf achten, dass keine anderen Tiere in der Nähe sind, denn Du arbeitest mit Futter, das für sie wahrscheinlich ebenfalls interessant sein könnte.
- Achte immer darauf, dass Deine Französische Bulldogge nur dann sucht, wenn Du das Kommando gegeben hast. Es ist ausgesprochen wichtig, dass sie von Anfang an lernt, dass Du entscheidest, wann, wo und wie die Spurensuche aufgenommen wird. Denn es

kann gefährlich für Deinen vierbeinigen Freund werden, wenn er dauernd und ständig auf Futtersuche ist und alles frisst, was er findet.

- Lerne die Körpersprache Deiner Französischen Bulldogge kennen und achte darauf, dass Du sie nicht überforderst.

Jetzt wo Du weißt, was Du zu beachten hast, können wir mit dem Übungsaufbau beginnen. Wie bei allen Übungen, fangen wir auch bei der Futtersuche mit einer einfachen Grundübung an, die folgendermaßen abläuft:

Stelle Dich neben Deine Französische Bulldogge und lasse ein kleines Stück vor ihr ein Leckerchen auf den Boden fallen. Mache sie sowohl mit einer einladenden Stimme als auch mit Handzeichen daraufmerksam. Sobald Deine Bulldogge Interesse zeigt und sich auf das Futter zubewegt, gibst Du das Kommando »Such«. Sobald sie das Leckerchen gefressen hat, lässt Du das nächste Leckerchen fallen und wiederholst den Vorgang immer und immer wieder.

Wenn Dein Hund diese Übung verinnerlicht hat, kannst Du dazu übergehen, Dich während der Übung fortzubewegen und währenddessen immer mal wieder ein Leckerchen fallen zu lassen. Klappt auch das irgendwann ohne Probleme, lässt Du das nächste Leckerchen fallen, wenn Deine Französische Bulldogge mal nicht hinschaut. Wiederhole auch diese Variante einige Male.

Ziel ist es, dass Deine Französische Bulldogge das Kommando »Such« damit verknüpft, dass sie ein Leckerchen suchen, finden und fressen soll.

Bist Du Dir sicher, dass diese Verknüpfung entstanden ist, kannst Du zu Stufe 2 übergehen. Aber bitte sei Dir wirklich sicher, dass sie das Kommando verinnerlicht hat, denn es macht keinen Sinn, zu früh mit Stufe 2 zu beginnen. Das würde Deinen vierbeinigen Freund ansonsten nur überfordern und das willst Du nicht, oder?

Hat sie es aber verinnerlicht, kannst Du die nächste Schwierigkeitsstufe angehen, indem Du die Kommandos »Sitz«, »Platz« und »Bleib« integrierst. Wie genau Du das machen kannst, erfährst Du jetzt:

Gib Deiner Französischen Bulldogge das Kommando »Sitz« und direkt im Anschluss das Kommando »Bleib«.

Sobald sie entspannt sitzt, entfernst Du Dich ein paar Schritte von ihr, zeigst ihr das Leckerchen und lässt es in kurzer Entfernung von Dir fallen. Jetzt wartest Du anfangs nur ein paar Sekunden, bis Du ihr das Startsignal »Such« gibst. Sobald sie das Leckerchen gefunden und gefressen hat, lobst Du sie und startest die Übung von Neuem. Mit der Zeit kannst Du sowohl die Entfernung, als auch die Dauer der Wartezeit steigern, achte aber immer darauf, nur langsame Steigerungen vorzunehmen, um Deine Französische Bulldogge nicht zu überfordern.

Die nächste Steigerungsform besteht dahin, das Futter nicht mehr offensichtlich fallen zu lassen, sondern es leicht zu verstecken. Du kannst es zum Beispiel außerhalb des Blickfeldes Deiner Französischen Bulldogge fallen lassen oder es sogar leicht verstecken. Gute Verstecke sind Ritzen oder Öffnungen, Blätterhaufen oder kleine Behälter. Lass Deiner Kreativität freien Lauf.

Du merkst, mit der Futtersuche könnt ihr zwei sehr viel Spaß haben und einige Abenteuer zusammen erleben. Doch was machst Du, wenn sich Deine Französische Bulldogge nicht an der Suche beteiligt?

Ein Grund hierfür könnte sein, dass sie keinen Hunger hat und die Suche für sie daher reizlos ist. In diesem Fall empfehle ich, vor dem nächsten Training eine Futterration ausfallen zu lassen oder sie gegebenenfalls komplett nur noch über die Futtersuche an ihr Essen kommen zu lassen. Habe keine Angst davor, das ist keine Tierquälerei, sondern ganz im Gegenteil sogar sehr artgerecht. Denn Hunde in freier Wildbahn müssen ihre Beute immer erst suchen, bevor sie sie fressen können.

Es kann aber auch daran liegen, dass sie das Kommando »Such« noch nicht richtig verknüpft hat. In dem Fall bitte ich Dich, nochmal mit der Grundübung anzufangen und diese wirklich intensiv und über einen längeren Zeitraum zu wiederholen.

Wenn Deine Französische Bulldogge zwar anfängt zu suchen, aber dabei nicht ihr Leckerchen findet, gibt es bei eurem Trainingsort wahrscheinlich zu viele Ablenkungen. Wechsle daher den Ort und starte von Neuem. Wie gesagt, beginne ich bei jedem Training erstmal in den eigenen vier Wänden.

Sollte Deine Bulldogge nicht auf das »Such«-Kommando warten, sondern sich immer direkt auf ihr

Leckerchen stürzen, musst Du die Leine enger nehmen. Gebe ihr einfach nicht die Möglichkeit, schon vor Deinem Kommando an ihr Futter zu gelangen. Erst wenn sie entspannt sitzt – und irgendwann wird sie sich entspannt hinsetzen, hier gewinnt der Geduldigere von euch Zweien – gibst Du das Kommando und lässt die Leine etwas lockerer.

Sollte Deine Französische Bulldogge in der Wartezeit unablässig bellen, an der Leine beißen oder andere Formen von Ungeduld und Protest zeigen, kann das ein Zeichen dafür sein, dass sie Dir nicht genügend Vertrauen entgegenbringt oder Deine Signale nicht versteht. In diesen Fällen empfehle ich definitiv, professionelle Hilfe in Anspruch zu nehmen. Das gilt ebenso, falls sich die anderen Probleme nicht durch meine Tipps lösen lassen. In diesen Fällen ist es immer ratsam, jemanden euer Verhalten genau beobachten und analysieren zu lassen.

Sollte Dir die Übung mit Futter als Suchgegenstand nicht ganz zusagen, kannst Du stattdessen auch dazu übergehen, das Lieblingsspielzeug Deines Hundes in die Übungen zu integrieren. Es kann aber sein, dass diese Form der Suche nicht von jedem Hund angenommen wird.

Die Schwierigkeit bei diesem Training lässt sich dadurch steigern, dass Du das Futter immer besser versteckst. Werde kreativ und lasse Dir neue Verstecke einfallen. Hier kannst Du auch gerne mal Dosen oder Kartons zur Hilfe nehmen. Bedenke aber auch bei dieser Übung: Nicht jeder Hund benötigt die schwierigste Variante. Es ist vollkommen in Ordnung, wenn Deine Französische Bulldogge schon mit den kleineren Schwierigkeitsgraden zufrieden ist.

Schnellüberblick, wieso die Futtersuche für Dich und Deine Französische Bulldogge ein sinnvolles Training ist:

1. Wie fast jede Rasse, lieben es auch Französische Bulldoggen, zu Schnüffeln – selbst wenn andere Rassen besser sind, verringert das ihr Vergnügen daran nicht im Geringsten.

2. Französische Bulldoggen sind verspielt und offen für Neues. Sie achten genau auf ihre Halter und sprechen gerade auf den Futteranreiz bei dieser Übung sehr gut an.

3. Kooperation ist in jedem Rudel wichtig. Damit Deine Französische Bulldogge lernt, dass jeder von euch ein wichtiger Teil des Rudels ist, empfehle ich Dir die Futtersuche.Vor allem, wenn Du im fortgeschrittenen Stadium damit beginnst, das Futter anspruchsvoller zu verstecken – vielleicht auch so, dass es ohne Deine Hilfe nicht zu erreichen ist. Denn durch nachlässige Erziehung tendieren Französische Bulldoggen schon mal dazu, frech zu werden und sich selbst als Rudelführer zu betrachten.

4. Die Futtersuche stellt einen Grundinstinkt Deiner Französischen Bulldogge dar. Es ist wichtig, dass sie weiß, dass Du diesen Instinkt kennst und ihn gutheißt. Außerdem lernt sie, dass nur auf Dein Kommando hin nach Futter gesucht wird – was sogar lebensrettend sein kann.

GERUCHSTRAINING

Das Geruchstraining ist ähnlich aufgebaut, wie die Futtersuche. Allerdings ist es hier nicht das Ziel, dass der Hund sein Futter findet, sondern stattdessen einen bestimmten Geruch. Was genau Du hierfür nimmst, ist Dir überlassen. Ich empfehle für den Anfang meist, auf Teebeutel zurückzugreifen. Diese haben den Vorteil, dass sie einen sehr intensiven Geruch ausströmen und dass es sie in vielen Variationen gibt. Außerdem sind sie sehr handlich und preisgünstig und fast überall zu haben. Falls es mal regnet, kannst Du sie auch problemlos in einen Plastikbeutel wickeln, damit sie nicht nass werden, und der Geruch ist für Deine Französische Bulldogge immer noch stark genug.

Wie bei allen Übungen bisher, starten wir auch beim Geruchstraining als Erstes damit, das Interesse Deiner Französischen Bulldogge für die Aktivität zu wecken. Nehme daher den Teebeutel in die Hand und schaue ihn Dir sehr interessiert und begeistert an. Sobald Deine Französische Bulldogge Dich dabei aufmerksam beobachtet, hältst Du ihr den Teebeutel hin. Wenn sie daran riecht, lobst Du sie überschwänglich und wiederholst das Ganze erneut.

Wenn Du das Gefühl hast, dass Deine Französische Bulldogge verstanden hat, dass es jedes Mal eine Belohnung dafür gibt, wenn sie am Teebeutel riecht, kannst Du den Schwierigkeitsgrad steigern.

Ähnlich, wie bei der Futtersuche, integrierst Du jetzt »Sitz« und »Bleib« in den Übungsablauf: Wenn Deine Bulldogge entspannt sitzt, gehst Du einige Schritt weiter und legst den Teebeutel mit großer Theatralik auf den Boden. Deine Bulldogge bleibt weiter sitzen, während Du zu ihr zurückgehst und ihr in auffordernden Bewegungen das »Such« Kommando gibst. Sobald sie erneut am Teebeutel riecht, gibt es eine riesige Belohnung. Läuft sie nicht direkt alleine hin, kannst Du ihr ein paar Hilfestellungen geben und noch einmal auf die Position aufmerksam machen. Diese Übung musst Du so lange wiederholen, bis Deine Französische Bulldogge gezielt und ohne Zögern auf den Teebeutel zu läuft und daran riecht.

Die nächste Steigerungsform besteht wieder einmal darin, den Abstand zu erhöhen. Alternativ kannst Du auch dazu übergehen, den Teebeutel etwas versteckter zu deponieren. Du solltest Deine Französische Bulldogge dabei aber immer noch zuschauen lassen. Meistert sie auch diese Steigerung, ist die nächste Schwierigkeitsstufe das Anzeigen.

Dazu gehst Du folgendermaßen vor:

Sobald Deine Französische Bulldogge das nächste Mal an ihrem gefundenen Teebeutel schnüffelt, gibst Du ihr das »Sitz« Kommando und erst danach folgt das Lob von Dir. Wiederhole das einige Male. Wenn Du glaubst, dass sie den Zusammenhang verstanden hat, wartest Du das nächste Mal einige Sekunden, bevor Du das »Sitz« Kommando gibst. Ziel sollte sein, dass sie sich dann automatisch hinsetzt und auf Dich wartet. Macht sie dies, lobst Du sie überschwänglich. Macht sie es nicht, gibst Du erneut das Kommando und wiederholst die Übungen noch ein paar Mal, bevor Du es erneut probierst.

Klappt auch das, kannst Du jetzt damit beginnen, den Teebeutel außerhalb der Sichtweite Deiner Französischen Bulldogge zu verstecken. Du kannst dafür beispielsweise zu Hause in ein anderes Zimmer gehen und den Teebeutel dort auf einem Stuhl deponieren. Kehre zu Deiner Bulldogge zurück und gebe ihr das »Such« Kommando. Achte am Anfang noch darauf, dass die Verstecke nicht zu schwer zu finden sind. Steigere die Schwierigkeit erst mit der Zeit.

Und falls Deine Französische Bulldogge und Du immer noch nicht genug vom Geruchstraining habt, gibt es noch eine weitere Steigerungsform für euch zwei: Denn als Nächstes kannst Du ihr antrainieren, eine ganz bestimmte Sorte von Tee zu erschnüffeln und andere zu ignorieren. Um das zu erreichen, beginnst Du wieder mal im Kleinen.

Lasse Deine Französische Bulldogge erneut neben Dir Sitz machen. In Sichtweite legst Du einen Teebeutel aus. Du gehst zu ihr zurück und lässt sie erneut an einem Teebeutel der gleichen Sorte schnüffeln, während Du ihr fast zeitgleich das »Such« Kommando gibst. Dieser Teil ist besonders wichtig. Denn Du musst sie jetzt jedes Mal, bevor Du das »Such« Kommando gibst, erst nochmal an einem Teebeutel der gleichen Sorte schnuppern lassen. Ansonsten durchläufst Du erneut alle zuvor beschriebenen Schwierigkeitsstufen mit der kleinen Änderung, dass sie vor dem Kommando jedes Mal am Teebeutel schnüffelt. Du musst bei dem Suchtraining auch nicht jedes Mal die gleiche Teesorte verwenden. Wichtig ist nur, dass der Tee, der ausliegt, und der Tee, den Du ihr hinhältst, jedes Mal übereinstimmen.

Ziel ist es, dass Deine Französische Bulldogge verinnerlicht, dass es nicht um das Suchen eines beliebigen Teebeutels geht, sondern um den, den Du ihr anzeigst. Glaubst Du, dass diese Verknüpfung entstanden ist, solltest Du eine Ablenkung einbauen. Dafür versteckst Du nicht nur einen Teebeutel, sondern zwei. Einer davon sollte eine andere Sorte sein als die, die Du ihr hinhältst. War die Verknüpfung erfolgreich, wird sie diesen Teebeutel ignorieren und Dir nur den anderen anzeigen.

Läuft sie dennoch zum falschen Teebeutel, so ignorierst Du dies und gibst eventuell erneut das »Such«-Kommando.

Später kannst Du noch dazu übergehen, mehrere Teesorten und vielleicht sogar Futter als Ablenkung zu integrieren. Wichtig ist, dass Du sie solange, wie sie die falschen Suchobjekte anzeigt, ignorierst und erst ausgiebig lobst, wenn sie beim richtigen Objekt ist.

Du merkst, das Geruchstraining ist nicht nur vielseitig, sondern bietet auch im Schwierigkeitsgrad sehr viele

Variationen, so dass es für euch zwei nie langweilig wird. Außerdem lässt es sich hervorragend in den Alltag integrieren, da es kaum Vorbereitungen benötigt und überall ausgeführt werden kann, solange Du einen Teebeutel bei Dir hast.

Mein abschließender Tipp lautet: Integriere das Geruchstraining in eure täglichen Spaziergänge, dadurch werden diese jedes Mal zu einem kleinen Abenteuer für Deine Französische Bulldogge. Beachte aber, dass Du damit erst startest, wenn das Training schon weiter fortgeschritten ist. Am Anfang sind die natürlichen Ablenkungen viel zu hoch. Du musst Dir sicher sein, dass sich Deine Französische Bulldogge vollkommen auf die Suche nach dem Teebeutel fokussieren kann.

Der große Vorteil im Vergleich zur Futtersuche ist hierbei, dass die Teebeutel für andere Tiere unbedenklich sind. Anders als bei Futter, das Du auslegst, musst Du hierbei keine Sorgen haben, dass sie von einem anderen Hund oder einem Wildtier gefressen werden. Ich persönlich nehme, seit ich dieses Training kennengelernt habe, neben Leckerchen und Kackbeuteln immer auch einen Teebeutel bei jedem Spaziergang mit.

Schnellüberblick, wieso Geruchstraining für Dich und Deine Französische Bulldogge ein sinnvolles Training ist:

1. Ähnlich wie bei der Futtersuche, vermag Deine Französische Bulldogge bei diesem Training ihre Millionen Riechzellen optimal einzusetzen und ihren Schnüffel-Instinkten zu frönen.

2. Im Gegensatz zur Futtersuche musst Du bei diesem Training kein Futter auslegen, das eventuell auch für andere Tiere interessant sein kann.

3. Deine Französische Bulldogge lernt, sich auf einen bestimmten Geruch zu konzentrieren und andere Gerüche zu ignorieren, was sie mental sehr stark beansprucht.

4. Du hast die Möglichkeit, Deine Französische Bulldogge auf zusätzliche Gerüche zu trainieren, wie beispielsweise Münzen. So kann das Training noch einen Zusatznutzen haben, wenn Deine Bulldogge ab und an verlorenes Geld findet.

GEDÄCHTNISTRAINING

Hunde sind schlauer, als es viele Menschen für möglich erachten. Und was viele unterschätzen: Hunde haben ein hervorragendes Gedächtnis! Außerdem ist es bei Hunden wie bei uns Menschen möglich, dieses Gedächtnis noch weiter zu trainieren und zu fördern.

Genau aus diesem Grund habe ich dieses Training in mein Buch aufgenommen. Du wirst wahrscheinlich überrascht sein, was sich Deine Französische Bulldogge in kürzester Zeit merken kann.

Im Gegensatz zu den vorherigen Übungen beim Intelligenz-Training ist das Gedächtnis-Training eine eher ruhige Übung. Daher ist sie auch für ältere oder kranke Hunde geeignet, die sich nicht mehr so viel bewegen können.

Damit Deine Französische Bulldogge während der Übung nicht zu energiegeladen ist, empfiehlt es sich, die Übungen im Anschluss an einen Spaziergang durchzuführen. Der Materialeinsatz ist wieder einmal sehr überschaubar. Du brauchst lediglich ein paar Becher (am besten aus Plastik, damit sie nicht so schnell kaputt gehen) und natürlich Leckerchen.

So baust Du die Übung auf:

Gib Deiner Französischen Bulldogge das »Sitz«-Kommando. Sobald sie entspannt vor Dir sitzt, zeigst Du ihr, wie Du ein Leckerchen unter einem der Becher auf dem Boden direkt vor ihr platzierst. Jetzt wartest Du ab, wie sie reagiert. Die meisten Hunde gehen jetzt mit der Schnauze oder ihrer Pfote an den Becher.

Warte solange, bis Deine Französische Bulldogge den Becher umgestoßen hat, und lobe sie dann ausgiebig. Natürlich darf sie auch das Leckerchen als Belohnung essen. Wiederhole diese Übung immer wieder. Deine Französische Bulldogge soll lernen, dass sich unter dem Becher ein Leckerchen verbirgt und sie eine Belohnung erhält, wenn sie es umkippt. Fange jetzt langsam an, immer ein Kommando zu geben, wenn sie den Becher umkippt. Ich sage hier beispielsweise »Find den Becher«. Du kannst aber auch jedes beliebige andere Kommando verwenden.

Ist diese Stufe gemeistert, fügst Du zwei weitere Becher hinzu. Verstecke zunächst gut sichtbar für Deine Französische Bulldogge unter einem dieser Becher ein Leckerchen. Deine Bulldogge sitzt dabei in geringer Entfernung zu den Bechern. Lasse sie nur wenige Sekunden warten und gebe das Kommando. Achte jetzt genau darauf, dass sie den richtigen Becher umkippt. Wählt sie den falschen Becher, brichst Du die Übung ab und startest erneut.

Gelobt wird ausschließlich, wenn sie im ersten Anlauf den richtigen Becher wählt. Klappt diese Übung, kannst Du noch eine weitere Steigerung einbauen. Platziere erneut ein Leckerchen unter einem der Becher und vertausche dann die Position der Becher. Lasse Deine Französische Bulldogge dabei aufmerksam zusehen. Gebe ihr erneut das Kommando und lobe auch hier nur dann, wenn sie im ersten Anlauf den richtigen Becher wählt. Die Wartezeit kannst Du bei dieser Übung ebenfalls langsam erhöhen.

Klappt auch das und zeigt Deine Französische Bulldogge wirkliches Interesse und Spaß an der Übung, kannst Du kleinere Ablenkungen während der Wartezeit einbauen. Lasse sie beispielsweise Pfötchen geben (wie Du das trainierst, lernst Du im Sonderkapitel Fun-Training) und gebe erst dann das Kommando zum Suchen des richtigen Bechers. Deine Französische Bulldogge muss so lernen, sich auch trotz einer Ablenkung zu merken, unter welchem Becher das Leckerchen liegt. Je besser diese Übung klappt, desto länger kann die Wartezeit und desto größer die Ablenkung werden.

Schnellüberblick, wieso Gedächtnistraining für Dich und Deine Französische Bulldogge ein sinnvolles Training ist:

1. Anders als die anderen beiden Intelligenz-Trainings, greift dieses Training nicht hauptsächlich auf den Geruchssinn zurück, sondern trainiert das Erinnerungsvermögen Deiner Französischen Bulldogge.

2. Das Gedächtnistraining ist mit wenig Aufwand anzuwenden und erzielt dennoch eine große Wirkung.

3. Je besser das Gedächtnistraining funktioniert, desto einfacher kannst Du es in die anderen Übungen integrieren, z.B. beim Apportieren, wenn sich Deine Französische Bulldogge merken muss, welchen Ball Du wohin geworfen hast.

WEITERE ANREGUNGEN

Mit der Futtersuche, dem Geruchstraining und dem Gedächtnistraining hast Du jetzt drei Methoden kennengelernt, mit denen Du Deine Französische Bulldogge geistig auspowern kannst.

Selbstverständlich sind diese drei Methoden aber nicht die Einzigen. Gerade beim Intelligenz-Training sind Deiner Kreativität keine Grenzen gesetzt. In vielen Tiergeschäften gibt es mittlerweile ganze Regale voll mit sogenannten Intelligenzspielen. Einige davon habe ich selbst schon ausprobiert und habe noch heute meinen Spaß damit. Doch Du musst nicht immer gleich Geld dafür ausgeben.

Eine recht kostengünstige Alternative zu diesen Spielen kannst du aus Alltagsgegenständen herstellen. Beispielsweise kannst Du Deine Französische Bulldogge ihr Futter erst „auspacken“ lassen, bevor sie es fressen darf. Hierzu kannst Du das Futter beispielsweise in einer Dose verstecken, diese in Zeitungspapier einpacken und sie dann wiederum in einen Karton stecken. Um das Ganze noch intensiver zu gestalten, kannst Du den Karton anschließend verstecken und ihn von Deiner Französische Bulldogge erst erschnüffeln lassen.

Wenn sie ihn erfolgreich gefunden hat, muss sie sich noch erarbeiten, überhaupt erst ans Futter heranzukommen, was sie vor ganz neue Herausforderungen stellt und von den meisten Hunden mit sehr viel Spaß und Ausdauer angenommen wird.

Für Dich bedeutet diese kleine Abwandlung der Futtersuche jedoch auch recht viel Müll und Dreck, denn weder der Karton noch das Zeitungspapier werden diese Übung am Stück überstehen. Ganz im Gegenteil, ich bin davon überzeugt, dass Deine Französische Bulldogge sie in winzig kleine Stücke reißen wird.

Wenn dies für Dich ein Problem darstellt, solltest Du diese Übung besser nicht anwenden.

Eine weitere Alternative zur Geruchs- oder Futtersuche stellt das Detektivtraining dar. Lasse Deine Französische Bulldogge anstelle von Futter oder Gerüchen Gegenstände suchen, z.B. sein Lieblingsspielzeug. Der Trainingsaufbau ist ähnlich wie bei den anderen beiden Trainings. Beginne zunächst auf kurze Distanz und im

Sichtfeld Deiner Französischen Bulldogge. Wichtig ist, dass Du das Suchkommando jetzt mit dem Namen des Spielzeugs verknüpfst, sprich »Such den Ball« oder »Such den Tiger«.

Dieses Detail ist wichtig, wenn Du im Training später dazu übergehen möchtest, dass Deine Französische Bulldogge nach mehreren Gegenständen sucht. So kannst Du beispielsweise sowohl ihren Ball, als auch ihr Tigerstofftier verstecken und ihr klar ansagen, welches von den beiden Spielzeugen sie zuerst suchen soll.

Da das Detektivtraining deutlich anspruchsvoller ist, als die Futtersuche oder das Geruchstraining, empfehle ich Dir, erst die beiden anderen Trainings zu beherrschen. Denn diese haben den Vorteil, dass der ausgeströmte Geruch des Futters oder eines Teebeutels deutlich stärker ist, als der eines Kuscheltieres. Es ist für Deine Französische Bulldogge somit leichter, diese aufzuspüren.

Lasse Deiner Kreativität freien Lauf, wenn es darum geht, Deine Bulldogge geistig auszulasten. Das Einzige, auf das Du achten solltest, ist, dass Du sie nicht überforderst. Baue die Übungen immer langsam auf und verlange nicht zu viel oder zu schnell auf einmal. Ständige Wiederholung ist das A und O.

- Kapitel 6 -

Sonderkapitel: Das Fun-Training

Was ist Fun-Training?

Nach dem Köper- und dem Intelligenz-Training kommen wir jetzt zu meinem heimlichen Favoriten, dem Fun-Training. Wie ich bereits vorab beschrieben habe, ist das Fun-Training eigentlich eine Unterkategorie des Intelligenz-Trainings. Denn es geht hierbei darum, dass Deine Französische Bulldogge ein bestimmtes Verhaltensmuster erkennt und dieses immer wieder wiederholt.

Im Gegensatz zu anderen Trainingsmethoden in diesem Buch, greift das Fun-Training jedoch keine typischen Verhaltensmuster Deiner Französischen Bulldogge auf. Ganz im Gegenteil, es geht hierbei oft um Verhaltensmuster, die bei einem wild lebenden Tier eher selten vorkommen. Beim Fun-Training stehen deutlich der Unterhaltungscharakter und der Spaß im Vordergrund.

Die Kritik, dass dieses Training daher nicht artgerecht ist, kann ich verstehen. Ich bin jedoch der Meinung, dass, solange es als Ergänzung stattfindet und Deiner Französischen Bulldogge noch ausreichend andere artgerechtere Übungen angeboten werden, gegen ein bisschen Fun-Training nichts spricht. Wir wollen ja keinen reinen Zirkushund erschaffen, aber ein paar lustige Übungen, die Du Freunden und Verwandten vorführen kannst, schaden keinem Hund, davon bin ich überzeugt. Außerdem hast Du mit diesem Ratgeber schon sehr viele Alternativen kennengelernt, die den natürlichen Instinkten Deiner Französischen Bulldogge mehr als gerecht werden.

WAS SIND DIE VORTEILE?

Außerdem bietet auch das Fun-Training einige Vorteile für Deine Französische Bulldogge:

- Da es zum Intelligenz-Training gehört, steigert es ganz klar die Konzentrationsfähigkeit Deines Vierbeiners.
- Darüber hinaus intensiviert auch das Fun-Training die Beziehung Deiner Französischen Bulldogge zu Dir. Auch bei dieser Form des Trainings kommt es sehr stark auf die Zusammenarbeit von euch beiden an.
- Und zu guter Letzt macht es einfach unglaublich viel Spaß, neben all den nützlichen und ernsten Trainings auch mal etwas zu üben, das einfach nur lustig und süß ist.

Das Fun-Training ist außerdem eines der wenigen Trainings, das ich auch für Kinder als angemessen betrachte. Ich würde einem Kind niemals zumuten wollen, die komplexen Abfolgen eines Reizangel-Trainings richtig umzusetzen. Aber beim Fun-Training können häufig auch schon die Kleinen ihre ersten

Erfolge im Hundetraining feiern und so spielerisch lernen, wie sie einen Hund richtig trainieren.

Und genau deshalb teile ich auf den nächsten Seiten jetzt meine 8 liebsten Fun-Kommandos mit Dir. Ich wünsche Dir viel Spaß beim Üben!

Vorstellung der Trainingsmethoden

Pfötchen geben

Pfötchen geben ist wohl das bekannteste Kommando aus dem Fun-Training und wird von den meisten Hundehaltern als Standard-Repertoire angesehen. Wie Du es richtig und am effektivsten trainierst, erfährst Du jetzt:

- Gebe Deiner Französischen Bulldogge das »Sitz«-Kommando.
- Wenn sie entspannt vor Dir sitzt, kniest Du Dich vor sie. In einer Hand hältst Du ein Leckerchen. Forme die Hand zu einer Faust und halte sie leicht seitlich vor Deinen Hund. Dadurch dass Du die Hand nicht mittig, sondern seitlich vor sie hältst, verlagert sie ihr Gewicht automatisch mehr auf eine Vorderpfote, als auf die andere. Dadurch wird es für sie später leichter, eine Pfote anzuheben.
- Warte jetzt ab. In der Regel wird Deine Französische Bulldogge an Deiner Hand schnüffeln und sobald sie merkt, dass sie so

nicht an das Leckerchen kommt, wird sie die entlastete Vorderpfote zur Hilfe nehmen.

- Sobald die Pfote auch nur kurz auf Deiner Hand liegt, lobst Du sie, öffnest die Hand und lässt sie das Leckerchen fressen.
- Wiederhole diese Übung immer wieder.
- Wenn es gut funktioniert und Deine Französische Bulldogge direkt ihre Pfote auf Deine geschlossene Faust legt, fängst Du an, gleichzeitig das Kommando »Gib Pfötchen« zu sagen.
- Klappt auch das, nimmst Du Deine zweite Hand mit ins Spiel. Die Hand mit dem Leckerchen hältst Du immer noch leicht seitlich vor Deine Französische Bulldogge. Die andere Hand hältst Du jetzt offen vor das Bein, dessen Pfote Du haben willst (das sollte die gegenüberliegende Seite der Leckerchen-hand sein).
- Sobald Deine Französische Bulldogge ihre Pfote jetzt auf die offene Hand legt, gibst Du erneut das Kommando »Gib Pfötchen« und gibst ihr zeitgleich das Leckerchen. Sollte

Deine Französische Bulldogge zunächst erneut die Pfote auf die geschlossene Faust legen, ignorierst Du ihr Verhalten. Du reagierst erst, wenn die Pfote auf Deiner offenen Hand liegt.

- Wiederhole diese Übung jetzt immer wieder und wieder. Irgendwann kannst Du ausprobieren, die Hand mit dem Leckerchen wegzulassen und nur die offene Hand vor Deine Französische Bulldogge zu halten. Gib dann das Kommando »Gib Pfötchen« und warte ab. Reagiert sie richtig, lobst Du sie überschwänglich. Reagiert sie nicht richtig, war es noch zu früh und Du wiederholst die vorherige Übung noch einige Male, bevor Du es erneut versuchst.

Einige Französische Bulldoggen haben anfangs ein Problem damit, wenn ihre Pfoten angefasst werden. Genau aus diesem Grund ist es auch nicht zu empfehlen, einfach nach der Pfote Deiner Bulldogge zu greifen und sie hoch zu ziehen. Zwar lernt sie auch auf diese Art das Kommando, doch wesentlich effektiver und umgänglicher ist es, ihr die Entscheidung zu überlassen, wann sie bereit dazu ist. Habe daher etwas

Geduld und gebe Deiner Französischen Bulldogge die Zeit, die sie braucht.

Männchen Machen

Neben »Gib Pfötchen« ist »Mach Männchen« ein weiteres überaus bekanntes Kommando aus dem Fun-Training. Ich empfehle dieses Training erst mit ausgewachsenen Französischen Bulldoggen zu starten, da es doch eine starke Beanspruchung für die empfindlichen Gelenke darstellt. Die Meinungen hierüber gehen zwar auseinander, aber was hast Du zu verlieren, wenn Du ein paar Monate länger wartest? Nichts!

Kommen wir jetzt zum Übungsaufbau:

- Gebe Deiner Französischen Bulldogge das »Sitz«-Kommando.
- Wenn sie entspannt vor Dir sitzt, führst Du langsam ein Leckerchen nah an Deine Französische Bulldogge heran. Bewege es langsam nach oben, sodass sich die Nase Deiner Französischen Bulldogge ebenfalls nach oben bewegt. Gehe hierbei langsam vor, denn Du willst ja nicht, dass sie springt.
- Sobald sich die Vorderpfoten auch nur leicht abheben, lobst Du und gibst das Leckerchen.

- Wiederhole diese Übung immer wieder.
- Steigere dabei langsam die Höhe. Habe dabei etwas Geduld, denn wie bei uns Menschen ist es für einige Hunde nicht so leicht, ihr Gleichgewicht zu halten. Doch durch Übung und Wiederholung wird es jeder Hund meistern.
- Sobald Deine Französische Bulldogge die von Dir gewünschte Höhe erreicht hat, fängst Du an, genau in diesem Moment das Kommando »Mach Männchen« zu geben und ebenfalls zu belohnen.
- Wiederhole diese Übung viele Male, bevor Du beginnst, Deine Führung mit der Hand langsam abzubauen. Tue vielleicht auch nur noch so, als würdest Du ein Leckerchen zwischen den Fingern halten.
- Belohne jetzt nur noch, wenn Deine Französische Bulldogge die Übung alleine aufgrund des Sprachkommandos »Mach Männchen« ausführt.

TANZEN

Die Übung Tanzen wird häufig auch als Twist bezeichnet. Sie ist leicht zu erlernen und sieht sehr süß aus.

Und so geht es:

- Deine Französische Bulldogge sollte bei dieser Übung vor Dir stehen.
- Du hältst erneut ein Leckerchen zwischen den Fingern.
- Halte das Leckerchen etwas über Deinen Hund und bringe ihn durch eine kreisende Bewegung dazu, sich einmal um sich selbst zu drehen.
- Belohne sie, sobald sie sich einmal vollständig um die eigene Achse gedreht hat.
- Wiederhole diese Übung mehrfach.
- Lasse jetzt langsam das Leckerchen weg und leite sie nur noch durch Deine Armbewegung an.

- Wenn auch das klappt, führst Du den Befehl »Tanzen« ein, während sich Deine Französische Bulldogge dreht.
- Reduziere jetzt das Handzeichen. Mache Deine Kreisbewegung immer kleiner.
- Lasse sie schließlich ganz weg und gebe nur noch das Sprachkommando »Tanzen«. Wenn sich Deine Französische Bulldogge jetzt noch nicht von alleine dreht, füge noch einige Male das Handzeichen hinzu und versuche es dann erneut ohne das Zeichen.

Schämen

Jetzt kommen wir zu einem meiner Lieblingskommandos: das Kommando »Schämen«. Hierbei legt Deine Französische Bulldogge, wenn sie liegt, eine Pfote auf ihre Schnauze bzw. vor ihre Augen, so als würde sie sich für irgendetwas schämen.

Zum Trainieren dieses Kommandos benötigen wir ein kleines Hilfsmittel. Ich empfehle hierfür ein größeres Haargummi, einen Tesa-Streifen oder einen Klebezettel. Es kann gut möglich sein, dass Deine Französische Bulldogge nicht direkt auf die Übung reagiert, dann nimm einfach eines der anderen Hilfsmittel und probiere es damit.

So beginnst Du:

- Gebe Deiner Französischen Bulldogge das »Platz«-Kommando.
- Wenn sie entspannt vor Dir liegt, klebst Du ihr entweder einen Tesa-Streifen oder einen Klebezettel auf die Nase oder bindest ihr das Haargummi locker um die Schnauze. Achte darauf, dass sie sich alle drei Sachen mit einer Bewegung ihrer Pfote abstreifen kann.

- Warte jetzt ab, wie Deine Französische Bulldogge reagiert. Die meisten Hunde gehen sofort mit ihrer Pfote zur Schnauze und streifen darüber. Wenn Deine Französische Bulldogge so reagiert, lobst Du sie und gibst ihr ein Leckerchen. Sollte sie nicht reagieren, sondern Dich erwartungsvoll anschauen, reicht es manchmal schon aus, ein paar Augenblicke abzuwarten. Sollte sie auch dann nicht reagieren, nimmst Du das Hilfsmittel ab und machst es erneut dran. Hilft auch das nicht, empfehle ich, das Hilfsmittel einmal zu wechseln, beispielsweise vom Tesa zum Klebezettel oder zum Haargummi.

- Wiederhole diese Übung einige Male.

- Wenn die Übung zuverlässig funktioniert, kannst Du damit beginnen, das Kommando »Schämen« einzuführen, und zwar immer genau dann, wenn Deine Französische Bulldogge mit der Pfote über ihre Schnauze streift.

- Wiederhole diese Übung immer wieder.

- Probiere dann, nur das Kommando »Schämen« zu geben. Streift Deine Französische Bulldogge mit der Pfote über die Nase, lobst Du ausgiebig und gibst das Leckerchen. Sollte sie nicht reagieren, gehst du erneut einen Schritt zurück und versuchst es zu einem späteren Zeitpunkt erneut.

BLUBBERBLASEN

Blubbern ist eine der spaßigsten Fun-Training-Kommandos, aber auch eines der wenigen, das für Sauerei in Deiner Wohnung sorgen wird. Denn bei dieser Übung geht es darum, dass Deine Französische Bulldogge ihre Nase in ihren Napf mit Wasser hält und dann Blubberblasen erzeugt. Das klingt jetzt vielleicht seltsam, ist aber sehr unterhaltsam.

Und so trainierst Du diese spaßige Übung:

- Stelle eine Schüssel mit Wasser vor Deine Französische Bulldogge. Achte dabei darauf, dass der Untergrund nass werden darf, denn das wird er bei dieser Übung.
- Jetzt heißt es zu warten und auf die Reaktion Deiner Französischen Bulldogge zu achten.
- Hält sie die Schnauze in die Schüssel, wird sofort gelobt und belohnt. Wartet sie und reagiert nicht, kannst Du die Übung verstärken, indem Du ein nicht schwimmendes Leckerchen in die Schale wirfst. Sobald sie danach „fischt“ wird gelobt.

- Klappt das, reduzierst Du Dein Lob. Jetzt wird erst mal nur noch gelobt, wenn Deine Französische Bulldogge einige Sekunden mit der Schnauze im Wasser bleibt. Macht sie dies nicht automatisch, rate ich Dir, gleich mehrere kleine, nicht schwimmende Leckerchen in die Schüssel zu geben.

- Sobald sie das erste Mal unter Wasser anfängt auszuatmen und dabei kleine Blubberblasen entstehen, lobst Du sofort und ausgiebig.

- Wenn sich das ein paar Mal wiederholt hat, kannst Du damit beginnen, zeitgleich das Kommando »Blubbern« zu geben.

- Klappt dies zuverlässig, lässt Du die Leckerchen in der Schüssel weg und gibst nur das Sprachkommando »Blubbern«. Reagiert Deine Französische Bulldogge darauf noch nicht direkt, wiederholst Du die vorherige Übung erneut.

PFOTEN KREUZEN

Die Pfoten zu kreuzen ist eine Übung, die ich insbesondere für Hundedamen empfehle. Bei einem Rüden wird es wahrscheinlich etwas befremdlich wirken. Denn das Ziel dieser Übung besteht darin, dass Deine Französische Bulldogge im Liegen die beiden Vorderpfoten übereinanderlegt, was sehr ladylike wirkt. Ich empfehle für diese Übung, dass ihr bereits das Pfötchen geben trainiert habt, denn es erleichtert die Übung deutlich.

Und so machst Du aus Deiner Französischen Bulldogge eine echte Lady:

- Gebe Deiner Französischen Bulldogge das »Platz«-Kommando.
- Wenn sie entspannt vor Dir liegt, gehst Du in die Hocke, streckst eine Hand aus und gibst das Kommando »Gib Pfötchen«.
- Wenn Deine Französische Bulldogge Dir ihre Pfote reicht, lobst Du sie und wiederholst die Übung einige weitere Male.
- Bei jeder weiteren Wiederholung bewegst Du Deine leere Hand immer weiter in Richtung

der anderen Pfote Deiner Französischen Bulldogge, bis sie sich schließlich überkreuzen.

- Beim nächsten Mal ziehst Du Deine Hand schnell weg, bevor Deine Französische Bulldogge ihre Pfote hineinlegen kann. Sobald sie ihre Pfote fallen lässt und sich dabei ihre Vorderbeine überkreuzen, lobst Du ausgiebig.
- Wiederhole diese Übungen einige Male.
- Beginne das Kommando »Wie liegt die Lady« einzuführen, wenn sich die Pfoten kreuzen.
- Reduziere langsam die Hilfestellung mit Deiner Hand.
- Gebe jetzt nur noch das Sprachkommando »Wie liegt die Lady«. Überkreuzt Deine Französische Bulldogge von allein die Vorderbeine, hat sie die Übung verinnerlicht. Wenn es noch nicht klappt, wiederhole nochmal die vorherigen Schritte.

DIENER

Diener ist erneut eine elegante Übung, die diesmal aber auch für Rüden geeignet ist. Hier gibt es zwei Möglichkeiten, diese Übung zu trainieren. Die eine besteht darin, immer abzuwarten, bis sich Deine Französische Bulldogge nach dem Liegen streckt. Und zwar so streckt, dass sie mit dem Oberkörper nach unten geht, den Hintern aber weiterhin hochstreckt – so dass es aussieht, als würde sie einen Diener oder eine Verbeugung machen. Da diese Form des Trainings jedoch sehr zeitaufwändig ist und Du immer darauf achten musst, wann sich Deine Französische Bulldogge gerade streckt, empfehle ich Dir die zweite Variante und die geht folgendermaßen:

- Deine Französische Bulldogge steht vor Dir.
- Du kniest Dich hin und hältst ein Leckerchen vor Dir auf den Boden.
- Halte es so, dass Deine Französische Bulldogge mit dem Oberkörper einknickt.
- Lobe sie erst, wenn der Oberkörper vollkommen abgesenkt ist.

  Wichtig: Das Hinterteil muss sie dabei weiterhin hochhalten und sie darf es nicht ablegen. Mit großer Wahrscheinlichkeit wird Deine Französische Bulldogge zu Beginn der Übung mehrmals versuchen, ins Platz zu gehen. Nehme in dem Fall Deine zweite Hand zur Hilfe und halte damit ihren Hintern vor den Hinterbeinen hoch. Das ist zwar anfangs recht umständlich, doch nach einigen Wiederholungen wird Deine Französische Bulldogge schnell verstehen, dass sie ihn bei dieser Übung oben behalten soll.

- Wenn sich Deine Französische Bulldogge schließlich in der richtigen Position befindet, lobst Du sie und gibst ihr das Leckerchen.
- Wiederhole diese Übung immer wieder.
- Fange an, das Kommando »Diener« einzuführen, wenn Deine Französische Bulldogge genau in der richtigen Position ausharrt.
- Baue jetzt langsam Deine Handbewegung und Deine Hilfestellung ab.
- Gebe am Ende nur noch das Sprachkommando »Diener«. Wiederhole die vorherige Übung gegebenenfalls, falls Deine Französische Bulldogge den Befehl noch nicht

direkt ausführt, und baue wieder Handzeichen mit ein. Versuche es später erneut.

PENG

Mit »Peng« sind wir bei der Letzten meiner 8 Fun-Kommandos angekommen. Dieses Kommando ist zwar nicht das schwierigste, verlangt Deinem Hund aber die meiste Beherrschung ab, weswegen es auch am Ende steht. Außerdem habe ich hier noch verschiedene Schwierigkeitsgrade für Dich.

Ziel dieser Übung ist es, dass Deine Französische Bulldogge sich tot stellt, wenn Du ihr das Kommando »Peng« gibst.

Und so baust Du die Übung auf:

- Gebe Deiner Französischen Bulldogge das »Platz«-Kommando.
- Wenn sie entspannt vor Dir liegt, bewegst Du sie mit einem Leckerchen dazu, sich auf die Seite zu legen. Sobald sie so liegt, gibt es ein Leckerchen.
- Das war der leichtere Teil der Übung.
- Jetzt steigerst Du langsam die Zeitspanne, in der Deine Französische Bulldogge auf der Seite liegt. Erst mit dem Auflösungszeichen darf sie sich wieder erheben.

- Wenn das gut funktioniert, führst Du das Kommando »Peng« ein, wenn sich Dein Hund auf die Seite dreht.

  Wichtig: Achte jetzt genau darauf, dass sich Deine Französische Bulldogge nicht mehr bewegt, sobald sie in der Seitenlage liegt. Dazu zählt auch, den Kopf leicht anzuheben oder noch viel schwieriger, mit dem Schwanz zu wedeln. Beides ist in dieser Übung nicht gewünscht.

- Erhöhe die Schwierigkeit ein weiteres Mal, indem Du aufstehst und Deine Französische Bulldogge weiter still liegenbleiben muss. Wenn auch das klappt, beginnst Du, hin und her und schließlich um sie herum zu laufen.

- Klappt auch das, steigerst Du die Schwierigkeit erneut. Diesmal, indem Du die Übung nicht aus dem Liegen, sondern aus dem Sitzen beginnst. Klappt auch das, beginnst Du aus dem Stehen. Hat Deine Französische Bulldogge auch diese Variante gemeistert, gibst Du das Kommando das nächste Mal, wenn Du sie abrufst – sie also in Bewegung ist und auf

Dich zuläuft. Mit dieser Stufe habt ihr zwei schließlich die Königsdisziplin gemeistert.

- Kapitel 7 -

EXKURS: CLICKER-TRAINING

WAS IST CLICKER-TRAINING?

Da Du Dich für Hundetraining interessierst, gehe ich davon aus, dass Du bereits in irgendeiner Form vom Clicker-Training gehört hast. In den USA ist es bereits weit verbreitet und langsam fasst es auch in Europa und Französischland Fuß. Doch nur die wenigsten wissen, wofür es wirklich gedacht ist und wie Du es am effektivsten einsetzt.

Damit es Dir besser ergeht, erfährst Du in diesem kurzen Exkurs, was Du über das „Clickern" wissen musst und erhältst zudem ein paar Einführungs-übungen zum Start.

Im Gegensatz zu dem, was viele vermuten, ist Clicker-Training nicht einfach eine Ergänzung des normalen Trainings um einen „Click". Es ist nicht geplant, dass bei korrekter Ausführung eines Befehls als Zusatz zum Leckerchen zunächst geklickt wird, um dann erst das Leckerchen zu geben. Diese Vorstellung hält sich zwar beharrlich, sie gibt aber nur einen Bruchteil dessen wieder, was Clicker-Training wirklich ist.

Was korrekt an dieser Vorstellung ist, ist, dass Deiner Französischen Bulldogge durch ein Signal gezeigt wird, dass sie sich richtig verhalten hat.

Was bei dieser Vorstellung ausgelassen wird, ist die komplett andere Herangehensweise, die auf „Trial and Error“ (auf Französisch: Versuch und Irrtum) basiert. Das heißt konkret: Deinem Hund wird keine Verhaltensweise von Dir vorgegeben, aber immer, wenn er ein gewünschtes Verhalten zeigt, wird dieses zuerst durch ein Klicken und anschließend durch eine Belohnung markiert.

Richtig eingesetzt sorgt Clicker-Training dafür, dass Deine Bulldogge nicht nur lernt, Befehle zu befolgen, wie es im normalen Training der Fall ist, sondern ebenfalls aktiv Handlungen vorzuschlagen. Sie wird somit von einem passiven Befehlsempfänger zu einem aktiven Mitgestalter eures Trainings.

Wenn Dich diese Form des Trainings reizt, kannst Du damit eine ganz neue Form der Zusammenarbeit mit Deinem vierbeinigen Freund entdecken.

Ursprünglich stammt das Clicker-Training übrigens aus dem Delfin-Training und wurde bisher schon bei den unterschiedlichsten Tierarten erfolgreich eingesetzt. Dazu gehören Ratten, Vögel und Kaninchen ebenso wie Fische, Wale und Chinchillas. Und obwohl es so erfolgreich ist, handelt es sich um kein Hexenwerk. Ganz im Gegenteil beruht es ganz einfach auf den Grundlagen der Verhaltensforschung, die besagen, dass jedes Verhalten von seinen Konsequenzen bestimmt wird. Das heißt für Dich: Belohnst Du positives Verhalten, wird Deine Bulldogge begierig sein, dieses wieder zu zeigen.

Natürlich wird es jetzt den ein oder anderen geben, der behauptet, dass dies dann ebenso mit negativen Konsequenzen funktionieren muss. Bedingt hat diese Person recht. Studien belegen jedoch, dass Hunde, die mit Gewalt erzogen werden, nicht mehr Gehorsam zeigen, als andere. Das liegt zum größten Teil daran, dass Gewalt negativen Stress erzeugt und unter Stress können Hunde wie wir Menschen schlechter lernen. Außerdem weisen diese Hunde deutlich öfters problematische Verhaltensweisen auf, sie sind ängstlicher und allgemein unsicherer in ihrem Auftreten.

Was genau die Vorteile vom Clicker-Training sind, erfährst Du im nächsten Kapitel.

WAS SIND DIE VORTEILE?

Clicker-Training hat für mich zwei entscheidende Vorteile. Den ersten habe ich bereits im vorherigen Kapitel erwähnt. Es ist die Tatsache, dass Deine Französische Bulldogge bei dieser Form des Trainings dazu animiert wird, sich selbst etwas zu überlegen und Dir verschiedene Aktivitäten anzubieten. Dies fördert ihre Intelligenz auf eine ganz andere Art, als die bisher vorgestellten Methoden.

Daneben verfügt es noch über einen anderen großen Vorteil: Richtig eingesetzt werden neue Aktionen deutlich schneller von Deinem Hund verinnerlicht als ohne Clicker. Der immer gleiche Klicklaut wird von den meisten Hunden unglaublich schnell als Belohnungs-ankündigung verstanden und sorgt bei einem guten Timing für ein deutlich effektiveres Training.

HÄUFIG GESTELLTE FRAGEN

Auf den nächsten Seiten beantworte ich Dir kurz und knapp die häufigsten Fragen zum Clicker-Training.

Was benötigst Du für das Clicker-Training?

Das ist das Gute an diesem Training, denn eigentlich benötigst Du nichts. Selbst der namensgebende Clicker wird nicht unbedingt benötigt, denn stattdessen kannst Du auch ein Zungenschnalzen, einen Piepton oder etwas ähnliches verwenden. Im Delfintraining, von dem diese Methode ursprünglich stammt, wird übrigens eine Pfeife verwendet.

Gerade für Anfänger lautet meine klare Empfehlung, sich einen handelsüblichen Clicker zu kaufen, der schon für wenige Euro zu haben ist. Im Vergleich zu einem Wortkommando verfügt dieser nämlich über folgenden Vorteil: Er klingt immer gleich. Keine Emotionen, keine Ablenkungen oder gesundheitliche Beeinträchtigungen haben Einfluss auf den Ton, was essentiell für das Training ist.

Wie funktioniert das Clicker-Training?

Damit das Clicker-Training mit Deiner Bulldogge auch klappt, ist es wichtig, dass sie erstmal eine Verbindung zwischen dem Klicklaut und der positiven Verstärkung (z.B. Leckerchen) herstellt. Wie genau das geht, erkläre ich später noch.

Danach ist es dann immer wieder dieselbe Vorgehensweise, unabhängig davon, wie weit im Training Du schon bist:

1. Du wartest, bis Dein Hund das von Dir gewünschte Verhalten aufweist.

2. Das richtige Verhalten wird von Dir mit einem Klick markiert.

3. Im Anschluss wird das richtige Verhalten mit einer Belohnung verstärkt.

Wie bringst Du Deinen Hund dazu, das gewünschte Verhalten zu zeigen?

Diese Frage ist der Kern des Trainings, denn Du unternimmst aktiv überhaupt nichts. Dein Job besteht darin abzuwarten, bis das gewünschte Verhalten von Alleine auftritt. Du kannst Deinen Hund allerdings durch Klicken zum richtigen Verhalten anleiten, indem Du anfangs beispielsweise schon kleinere Erfolge mit klicken belohnst. Wie genau das geht, erfährst Du bei der Vorstellung der Trainingsmethode.

Benötigst Du den Clicker und das Leckerli die ganze Zeit?

Nein. Am Anfang musst Du noch für jedes richtige Verhalten klicken. Ist dieses Verhalten verinnerlicht und wird es selbst mit dem später hinzugefügten Sprachkommando korrekt ausgeführt, brauchst Du nicht mehr klicken.

Die Belohnung, die ich hier anspreche, muss außerdem nicht aus einem Leckerli bestehen. Je nach Hund kann es auch eine Schmuse- oder Spieleinheit sein. Auch die Belohnung solltest Du langsam abbauen, wenn Deine Französische Bulldogge die Übung verinnerlicht hat.

Bei welchem Tier kannst Du das Clicker-Training anwenden?

Bei jedem! Dabei ist es vollkommen egal, um welche Rasse es sich handelt. Auch das Alter spielt keine Rolle. Du kannst es mit einem Welpen üben, aber auch mit einem Senior. Beide werden es schnell verstehen und ihren Spaß an den Übungen haben.

Vorstellung der Trainingsmethoden

Timing trainieren

Wie bei den meisten Trainings, die ich Dir in diesem Buch vorgestellt habe, ist auch beim Clicker-Training das Timing das A und O. Da Du vorher noch nie mit einem Clicker gearbeitet hast, empfehle ich Dir, dessen richtigen Einsatz zu üben. Ähnlich wie bei der Reizangel sollte das Üben erstmal ohne Deinen Hund stattfinden.

Am besten ist es sogar, wenn Du noch einen Helfer dazu nimmst. Dieser Helfer sollte einen Ball in der Hand halten und Du den Clicker. Falls Du keinen Helfer hast, übernimmst Du beide Parts. Konzentriere Dich jetzt vollkommen auf den Ball. Dein Helfer lässt ihn ohne Vorwarnung fallen und Du klickst genau in dem Moment, in dem der Ball auf dem Boden aufkommt. Wiederhole dies einige Male, bis Dein Timing perfekt ist.

Danach nehmt ihr eine Steigerung vor. Diesmal lässt Dein Helfer den Ball nicht ohne Vorwarnung fallen, sondern wirft ihn in die Luft. Du klickst diesmal, wenn er seinen höchsten Punkt erreicht hat – nicht früher und nicht später. Erst wenn Dein

Timing hier perfekt ist, kannst Du das Training mit Deinem Hund starten.

CLICKER VERKNÜPFUNG AUFBAUEN

Zum jetzigen Zeitpunkt hat Dein Hund zum Geräusch des Clickers noch keine Verbindung aufgebaut – wie sollte er auch, für ihn ist es ein Geräusch wie jedes andere. Doch das wollen wir jetzt ändern und Du wirst überrascht sein, wie schnell das geht.

Halte für das nachfolgende Training den Clicker und eine Belohnung bereit. Diese kann ein Leckerchen sein, muss es aber nicht. Wichtig ist, dass sich Dein Hund darüber freut und er es immer wieder haben will. Für die meisten Anfänger ist Futter die einfachste Alternative, daher erwähne ich im Folgenden häufiger schon mal das Leckerchen als Belohnung, Du kannst dies aber ohne Probleme durch eine andere Belohnungsform ersetzen.

Jetzt beginnen wir mit der klassischen Konditionierung, sprich wir wollen, dass Deine Bulldogge mit dem Klickgeräusch ihr Leckerchen verbindet. Dafür gehst Du wie folgt vor:

1. Du klickst einmal.

2. Unmittelbar darauf bekommt Dein Hund ein Leckerchen.

Diese Verkettung von „Klick“ und Belohnung wiederholst Du mindestens 20- je nach Hund auch gerne 30-mal. Wiederhole dieselbe Übung am Folgetag. Bei den meisten Hunden wird die Verknüpfung jetzt schon stehen. Sollte es bei Dir noch nicht der Fall sein, dann wiederhole die Übung an jedem Folgetag, bis Du Dir sicher bist, dass es erfolgreich verknüpft wurde.

Doch wie stellst Du fest, dass die Verknüpfung besteht?

Um das festzustellen, klickst Du einmal, wenn Dein Hund mit irgendetwas beschäftigt ist – beispielsweise Schnüffeln. Reagiert er dann und schaut Dich aufmerksam und erwartungsvoll an, hat die Verknüpfung erfolgreich funktioniert.

Wichtig ist, dass Du das Klicken nach dieser Erkenntnis für nichts anderes mehr einsetzt, als ein positives Verhalten zu markieren. Verwässere die Klick-Verbindung nicht, indem Du sie jetzt nutzt, um Deinen Hund zu rufen oder um seine Aufmerksamkeit zu erhalten. Merke Dir, dass der

Clicker jetzt nur noch exklusiv eingesetzt wird, um ein richtiges Verhalten zu markieren.

Folgende Tipps habe ich noch für Dich, für diese erste Trainingseinheit:

- Nehme das Leckerchen unbedingt erst nach dem Klick in die Hand.
- Bemühe Dich, das Leckerchen unmittelbar nach dem Klick zu geben.
- Ziele mit dem Clicker nicht auf Deine Bulldogge.
- Schaue ihm nicht in die Augen.
- Sprich kein Wort während der gesamten Übung. Ein gesprochenes Lob ist in dieser Übungsphase eher kontraproduktiv, da Du damit die Verknüpfung aufweichen kannst.

Im nächsten Kapitel erfährst Du jetzt, wie Du mit einer einfachen Übung das weitere Clicker-Training angehst.

Weg vom Futter

Die »Weg vom Futter«-Übung, ist ein guter Start, um Deiner Französischen Bulldogge zu verdeutlichen, worauf es beim Clicker-Training ankommt. Denn hier soll sie nicht auf das Futter achten, sondern ein alternatives Verhalten zeigen.

Auch für diese Übung kann es hilfreich sein, einen Helfer zu haben. Solltest Du keinen Helfer zur Hand haben, ersetzt Du die helfenden Hände durch Plastikbecker, unter denen Du das Futter versteckst.

Doch gehen wir mal davon aus, dass Dich jemand unterstützt. Gebe dieser Person ein paar Leckerchen, die sie mit einer Hand umschließt. Lass sie in die Hocke gehen und beide Hände vor sich ausstrecken. Deinen Hund bringst Du im »Sitz« genau vor dieser Person in Stellung. Du selbst stellst Dich so hinter sie, dass Du sowohl die Hände, als auch Deinen Hund gut sehen kannst.

Warte jetzt das Verhalten Deines Hundes ab. Instinktiv wird er sich für die Futterhand interessieren und diese ausgiebig beschnuppern. Doch das ist nicht unser Ziel, bei dieser Übung. Wir wollen, dass er die Futterhand ignoriert und die andere Hand mit der Nase berührt. Nur dann wollen wir Klicken und ihm ein Leckerchen aus der Futterhand geben. In den wenigsten Fällen wird Dein Hund dies von alleine tun – insbesondere zu Beginn eures Clicker-Trainings, wenn er es noch nicht gewohnt ist, Dir verschiedene Aktionen anzubieten. Daher musst Du ihn ein bisschen unterstützen. Das geht wie folgt:

Lasse Deinen Helfer die Hände zu Beginn nah beieinander halten – ca. 20 cm voneinander entfernt. Als Zwischenschritt klickst Du jetzt schon, sobald Dein Hund von der Futterhand für einen kurzen Moment ablässt oder er zur anderen Hand schaut. Klappt vor allem Letzteres gut, stellst Du das Klicken vorerst ein, denn jetzt reicht es Dir nicht mehr, dass er nur zur Hand schaut.

Dein Hund wird jetzt wahrscheinlich empört sein, denn er erwartet seine Belohnung. Warte jetzt ab, was er macht und belohne ihn durch einen Klick, sobald er sich der anderen Hand auch nur ein wenig nähert. Das kann mitunter etwas dauern, aber irgendwann wird er es tun und dann ist Dein Moment gekommen. Klicke und gebe ihm die

Belohnung. Wiederhole auch das, bis es gut funktioniert. Dann kommt die nächste Steigerung, er muss sich noch mehr nähern. Wenn auch das klappt, lässt Du ihn entweder nochmal näherkommen oder gehst direkt dazu über, dass Du eine Berührung für den nächsten Klick verlangst.

Für die meisten Halter ist die größte Herausforderung beim Clicker-Training nicht das Timing und auch nicht das Warten, sondern das Schweigen. Vielleicht ist Dir aufgefallen, dass ich Dir bis jetzt noch kein Kommando genannt habe und das ist auch Absicht. Beim Clicker-Training wird kaum gesprochen. Erst, wenn Deine Bulldogge die Übung zu Deiner vollen Zufriedenheit erfüllt und Du willst, dass sie diese später auf Kommando wiederholt, beginnst Du dieses synchron zum Klicken einzuführen. Erst zu diesem Zeitpunkt und dann auch ausschließlich das Kommandowort ist alles, was Du beim Clicker-Training sagst - kein Loben und vor allen Dingen kein Reden zwischendurch.

Ich weiß, wie schwer das am Anfang ist, doch aus eigener Erfahrung kann ich Dir versichern, dass es das Training um einiges erfolgreicher gestaltet.

Um Deinen Hund am Anfang nicht zu überanstrengen, empfehle ich, die Übungseinheiten kurz zu halten, etwa 10 – 15 Klicks (inklusive Belohnung) reichen aus. Spiele danach mit Deiner Bulldogge oder gehe in eine Schmuseeinheit über. Am Tag kannst Du dies 3- bis 5-mal wiederholen. Achte aber darauf, dass Dein Hund geistig fit genug ist. Sollte er nach einer Einheit vollkommen ausgelaugt sein, was durchaus vorkommen kann, dann lass es für den Tag gut sein und gönne ihm die Pause.

Insbesondere für Hunde, die es bisher immer nur gewohnt waren, auf das Futter zu achten, wird diese Übung eine echte Herausforderung sein. Sie ist aber auch eine gute Lektion, denn sie lernen dadurch, dass es sich für sie auch lohnen kann, das Futter zu ignorieren und dafür etwas anderes zu tun.

ÜBUNG MIT DER KISTE

Kommen wir zu einer Steigerung. Die Übung mit der Kiste ist eine klassische Form, in der Du das Clicker-Training zukünftig gestalten kannst. Was benötigst Du? Nur eine Kiste oder einen Pappkarton, irgendetwas, mit dem Deine Bulldogge interagieren kann.

Zu Beginn der Übung stellst Du die Kiste in den Raum und belohnst alles, was in irgendeiner Form eine Interaktion zeigt. Schaut Dein Hund zur Kiste, klickst Du und belohnst. Geht er zur Kiste, klickst Du und belohnst. Schubst er die Kiste, klickst Du und belohnst und so weiter und so fort. Alles was mit der Kiste zu tun hat, wird bestärkt.

Klappt das, kannst Du dazu übergehen, Dir wie eben ein bestimmtes Verhalten zu wünschen. Stelle das Klicken für alle anderen Aktionen ein und klicke nur noch, wenn er das erwünschte Verhalten zeigt.

Wie schon bei der ersten Übung, werden einige Hunde empört sein, wenn Du das Klicken für ein Verhalten einstellst, für das Du zuvor noch geklickt hast. In der Regel zeigen sie dann verstärkt ein neues Verhalten.

Was kannst Du machen, wenn Dein Hund partout nichts anbietet und nichts klappen will?

Erstmal ist es wichtig zu wissen, dass Du nicht alleine bist. Insbesondere Frischlinge im Clicker-Training sind zu Beginn sehr enttäuscht und schnell frustriert, wenn ihre Bulldogge nicht von Beginn an ein Feuerwerk an Aktionen zündet, sondern erstmal gar nichts macht. Das ist nicht die Ausnahme, sondern eher die Regel, denn sie muss erst lernen, dass Du nicht den Start-Befehl gibst, sondern sie von sich aus aktiv werden soll.

Unterstützen kannst Du sie, indem Du als erstes Deine Erwartungen herunterschraubst. Dies ist eine Einstiegsübung und JEDE Interaktion wird von Dir belohnt und ist ein Erfolg. Jede winzige Kleinigkeit ist toll und richtig. Außerdem muss sich nicht nur Deine Französische Bulldogge hieran gewöhnen, sondern auch Du selbst. Du musst Dich an das Timing gewöhnen und an den Umgang von Klicken und Leckerchen geben. Unterschätze Deinen eigenen Einfluss nicht. Erwarte von euch beiden nicht zu viel – es ist noch kein Meister vom

Himmel gefallen und am Anfang zählen die kleinen Fortschritte. Dadurch werdet ihr beide sicherer und mit der Zeit ein eingespieltes Team.

Als Nächstes kannst Du es vereinfachen, indem Du die Kiste direkt neben ihr absetzt oder sie ihr erstmal vor die Nase hältst. Hilft auch das nicht, dann schaue Deinen Hund nicht an, sondern ausschließlich die Kiste. Wenn Du zeigst, dass sie für Dich spannend und interessant ist, überträgt sich das sehr häufig. Pass aber auf, dass Du nicht den Moment verpasst, wenn er zur Kiste schaut. Das wird sofort von Dir belohnt!

Falls Du das Gefühl haben solltest, dass die Kiste Deinen Hund ängstigt oder ihn anderweitig verunsichert, dann tausche sie aus und probiere es mit etwas anderem.

Abschließend habe ich noch folgenden Tipp für Dich: Vielen Hunden hilft es, wenn Du das Training mit einem Kommando ankündigst. Dadurch wissen Sie nach einer Zeit, dass jetzt Eigeninitiative gefragt ist. Ich habe mir beispielsweise angewöhnt, dass Clicker-Training jedes Mal mit dem Kommando »Showtime« zu beginnen. Nach einigen Wiederholungen wird Dein Hund anschließend wissen, was Du jetzt von ihm erwartest und Dir Verschiedenes anbieten.

Auch für dieses Training gilt: Überfordere Deine Bulldogge nicht, aber nutze den Clicker häufig. Ich empfehle eine Rate von 10-15 Klicks die Minute. Zu Beginn reicht eine Minute. Übe lieber kürzer und dafür öfter. Außerdem ist es immer empfehlenswert, die Übung zu beenden, solange Dein Hund noch mit Begeisterung dabei ist.

Weitere Anregungen

Ich hoffe, ich konnte Dir auf den vorherigen Seiten ein Gefühl dafür vermitteln, worum es beim Clicker-Training geht. Behalte immer im Kopf, dass Du Dir zwar vorher etwas überlegen kannst, Deine Bulldogge aber von selbst darauf kommen muss. Du gibst nicht mehr Befehle, sondern reagierst nur noch auf die Aktionen Deines Hundes. Unterstützung in Form von Zwischenschritten ist erlaubt, alles andere solltest Du lassen.

Was jedoch auch geht, ist das Training mit einem Targetstick. Diesen kannst Du selbstverständlich käuflich erwerben, eine Fliegenklatsche oder ein normaler Stab funktionieren aber genauso gut. Wichtig ist, dass das Ende z.B. durch eine auffällige Farbe auffällt und auch etwas dicker ist, damit es nicht aus Versehen mal im Nasenloch landet. So kannst Du beispielsweise auch einen kleinen Ball auf einen Stab stecken.

Zu Beginn solltest Du auch hier erst den Umgang üben, denn ich empfehle, den Targetstick und den Clicker in eine Hand zu nehmen, damit die andere frei für Futter ist. Sobald Du darin sicher bist, halte den Stick vor Deinen Hund. Sobald er ihn anschaut – was so gut wie jeder machen wird – klickst Du, und gibst ihm die Belohnung. Während Du das machst, hältst Du den Stick hinter Deinen Rücken. Hole ihn erneut hervor und belohne erneut jede Kenntnisnahme. Wiederhole dies immer und immer wieder. Auch hier gilt der Grundsatz, dass 10 - 15 Klicks pro Minute erfolgen sollten.

Bist Du damit zufrieden, gehst Du dazu über, nicht mehr nur das Hinschauen zu belohnen. Stelle das Klicken ein und klicke erst wieder, wenn er den Stick mit der Nase berührt. Deinem Hund wird es erneut nicht gefallen, dass Du das Klicken einstellst und er wird in der Regel mit Nachdruck darauf reagieren. Sei bereit, bei der kleinsten Berührung (oder als Zwischenschritt Annäherung) zu klicken.

Klappt dies zuverlässig, kannst Du die nächste Steigerung einführen. Halte den Stick mal etwas höher oder etwas tiefer. Lasse Deinen Hund sich strecken oder beugen, um ihn jetzt mit der Nase zu berühren. Oder halte ihn alternativ etwas weg, so dass er ein paar Schritte gehen muss. Lasse ihn auf eine Stufe oder einen Hocker steigen. Klicke immer erst dann, wenn er den Stick mit der Nase berührt. Sei Dir aber bewusst, dass all die Varianten, die ich gerade erläutert habe, das Ergebnis von unzähligen Trainingseinheiten seinen werden.

Klappt all das, kannst Du Deiner Fantasie freien Lauf lassen. Klicke zum Beispiel erst wieder, wenn Deine Französische Bulldogge ein paar Schritte mit der Nase an dem Stick läuft. Lasse sie sich im Kreis drehen oder übe damit „Bei Fuß“ zu gehen.

Denke an das Redeverbot! Habt ihr zwei allerdings eine Übung zu Deiner Zufriedenheit abgeschlossen, kannst Du das Kommando hinzufügen, indem Du zusammen mit dem Klick das Kommando sprichst. Teste nach einiger Zeit, ob es auch nur mit dem Sprachkommando klappt, wenn ja, hat sie es verinnerlicht, wenn nicht, gehe nochmal einen Schritt zurück und führe es erneut mit Targetstick und Clicker aus.

Weitere mögliche Hilfsmittel neben Stick und Kiste sind eigentlich alle Gegenstände, die sich zur Interaktion eignen. Mein Geheimtipp sind Flohmärkte, auf denen ich Kleinkinderspielzeug kaufe. Dieses ist günstig, meistens sehr robust und eignet sich hervorragend zum Stubsen, Rollen, Heben und Bewegen. Und hierbei kannst Du wirklich alles nehmen. Stehaufmännchen eignen sich ebenso wie ein Kinderklavier. Ein Spielauto ist genauso hervorragend zur spontanen Interaktion wie ein Ball oder ein Hullahubreifen.

Probiere entweder einfach aus, wie Deine Bulldogge auf die Gegenstände reagiert und entwickle erst im Laufe des Trainings die Richtung oder überlege Dir schon vorher, was Du sehen willst.

Natürlich kannst Du das Clicker-Training auch vollkommen ohne Gegenstände ausführen. Gerade im fortgeschrittenen Stadium kannst Du später hingehen, den Clicker in der Hand und die Belohnung griffbereit und »Showtime« sagen. Warte ab, worauf Deine Bulldogge Lust hat und gehe darauf ein.

Wenn Du ein normales Verhalten Deines Hundes verstärken möchtest, kannst Du dafür ebenfalls den Clicker verwenden. Als Beispiel nehme ich hier gerne das Strecken, das wir im Fun-Training schon als Trick hatten.

Wenn Du weißt, dass sich Dein Hund gerne nach dem Aufstehen streckt, dann halte Deinen Clicker regelmäßig bereit, wenn er aufsteht und verstärke es mit einem Klick. Bald schon wird Dein Hund erkennen, dass Du das Strecken toll findest und es gerne öfters sehen möchtest. Starte genau dann, das Kommando »Diener« einzuführen und zusammen mit dem Klick zu sagen. Erst wenn das wirklich gut klappt, kannst Du probieren, ob das Sprachkommando ausreicht. Falls nicht, gehe wieder einen Schritt zurück und verstärke das normale Strecken nach dem Aufstehen mit einem Klick und dem Sprachkommando »Diener«.

Du merkst, Dir und Deiner Bulldogge sind keine Grenzen gesetzt. Mit dem Clicker-Training kannst Du dieselben Tricks trainieren wie mit der gängigen Trainingsweise, allerdings ist die Vorgehensweise eine andere. Beide Methoden haben ihre Berechtigung und ich würde keine als besser oder schlechter bezeichnen. Es hängt ganz davon ab, was euch beiden Spaß macht und womit ihr besser zurechtkommt.

- Kapitel 8 -

ÜBERSICHT ZUM HUNDETRAINING

Auf den folgenden Seiten möchte ich Dir zum Abschluss einen Überblick über verschiedene weitere Aspekte der Hundeerziehung geben, die für Deine Französische Bulldogge von Bedeutung sind. Betrachte sie als eine Art Checklisten, die Du abarbeiten solltest, um Deinen Hund auf Dauer auszulasten und glücklich zu machen. So wird eine noch intensivere Beziehung zwischen euch aufgebaut und Du bekommst einen rundherum zufriedenen und gut erzogenen Hund.

Ich gebe Dir auf den nächsten Seiten folgende Checklisten an die Hand:

- Alles rund um die Grundpfeiler der Hundeerziehung,
- die bekanntesten Hundesportarten, um Deine Bulldogge noch weiter auszubilden,
- eine Übersicht über die häufigsten Fehler und wie Du sie vermeidest,

- zum Abschluss zeige ich Dir die möglichen nächsten Schritte auf, um das hier gelernte auch perfekt in die Praxis umzusetzen.

Gehe diese Checklisten Punkt für Punkt durch, um sicherzustellen, dass Du keine elementaren Fehler machst.

GRUNDPFEILER DER HUNDEERZIEHUNG

Um Deiner Bulldogge die in diesem Buch vorgestellten Trainingsmethoden verständlich zu vermitteln und schnelle Trainingserfolge zu erzielen, ist es unbedingt nötig, die Hundeerziehung mit den richtigen Methoden anzugehen. Nur so wird Dein Hund verstehen, was Du von ihm willst und Deine Anweisungen durchweg befolgen.

- ☐ **Liebevolle Konsequenz:** Egal was Du versuchst Deinem Hund beizubringen, Konsequenz in der Erziehung ist (genau wie bei Kindern) der Schlüssel zum Erfolg. Deine Bulldogge muss lernen, Deine Regeln immer und überall zu befolgen. Dafür ist es wichtig, dass Du diese Regeln auch konsequent anwendest. Wenn Du ihr etwas manchmal durchgehen lässt und manchmal nicht, kann sie keine Verknüpfung zwischen ihrem Handeln und Deiner Reaktion herstellen. Zudem wird sie Gelerntes immer wieder schleifen lassen, um ihre Grenzen auszutesten. Hier gilt es, ein Hundeleben lang durchgehend auf die Einhaltung Deiner Regeln zu achten.

- ☐ **Positive Bestärkung:** Lasse Deine Bulldogge immer wissen, wenn sie etwas gut gemacht hat. Das muss nicht immer ein Leckerchen sein, vor allem bei schon verinnerlichten Kommandos reichen auch eine Streicheleinheit oder ein Lob aus. Positive Bestärkung ist die schnellste und nachhaltigste Methode, Deinem Hund etwas beizubringen. Mit negativen Bestärkungen (also mit Bestrafungen) solltest Du auf keinen Fall arbeiten. Das können Hunde schlecht verstehen und sie können durch negative Reaktionen keine Verknüpfung zu bestimmten Verhaltensweisen herstellen.

- ☐ **Deine Sprache und Deine Stimme:** Hunde können menschliche Sprache nicht verstehen. Sie erkennen lediglich den Klang bekannter Wörter wieder und können damit eine schon gemachte Erfahrung verbinden. Das bedeutet, dass es nichts bringt, ständig auf Deinen Hund einzureden oder in ganzen Sätzen mit ihm zu sprechen. Im Gegenteil, das macht es für ihn umso schwieriger, die eigentliche Botschaft herauszuhören und Deine Anweisung umzusetzen. Wenn Du etwas von Deiner Französischen Bulldogge möchtest, gebe ihr kurze und klare Anweisungen. Je weniger Wörter diese umfassen, desto besser. Um die Aufmerksamkeit des Hundes zu gewinnen, ist es zudem hilfreich, mit einer besonders spannend klingenden Stimme zu sprechen, das wird ihn neugierig machen.

- □ **Deine Körpersprache:** Um Deine Kommandos leichter verständlich zu machen und auch in Situationen mit lauten Hintergrundgeräuschen mit Deinem Hund kommunizieren zu können, ist es hilfreich, zusätzlich Deine Körpersprache einzusetzen und ein Kommando immer mit einer bestimmten Geste zu verbinden. So kannst Du zum Beispiel das Kommando „Sitz“ mit einem erhobenen Zeigefinger verbinden (aber auch mit jeder beliebigen anderen Geste). Wenn Du beim Kommando immer den Zeigefinger hebst, wird Deine Bulldogge beide Aktionen mit dem „Sitz“-Kommando verknüpfen und nach einiger Übungszeit Deine Anweisung befolgen, auch wenn Du nur eins von beidem nutzt. Zudem verringert sich die Wahrscheinlichkeit, dass Dein Hund sich einfach verhört und deshalb nicht gehorcht.

- ☐ **Das Timing muss stimmen:** Timing ist das A und O beim Hundetraining und der Verknüpfung von seinen Aktionen und Deinen Reaktionen. Wie schon weiter vorne beschrieben, hast Du nur ein sehr kurzes Fenster, in dem Du Deine Bulldogge belohnen kannst und so dafür sorgst, dass sie Deine Kommandos und Deine Belohnung positiv verknüpft. Bist Du nur einen Moment zu früh oder zu spät, kann das nicht nur die richtige Verknüpfung verhindern, im Gegenteil, es kann auf Dauer sogar dafür sorgen, dass Dein Hund etwas völlig anderes damit verbindet, was Du ihm nur mit sehr viel Mühe wieder abtrainiert bekommst.

Hundesportarten

Über die in diesem Buch beschriebenen Hundespiele hinaus gibt es natürlich noch viele weitere Möglichkeiten, Deine Bulldogge auf Dauer zu beschäftigen und zu fordern. Dafür werden eigens Wettkämpfe ausgerichtet und Du kannst Deinen Hund für diese Wettkämpfe trainieren lassen und Deinem sportlichen Ehrgeiz freien Lauf lassen. Da dies vom Zeitaufwand über das normale Hundetraining deutlich hinausgeht, möchte ich diese Hundesportarten nicht im Detail vorstellen, hierzu gibt es aber zahlreiche gute Literatur im Buchhandel. Wenn Du die Zeit und den Ehrgeiz dafür hast, Deinen Hund in dieser Richtung weiter auszubilden, wird auch das eure Beziehung noch mal intensivieren. Folgende Hundesportarten sind die aktuell wohl verbreitetsten, probiere sie doch einfach einmal aus:

- **Agility-, Treibball- und Longiertraining**: Diese Sportarten habe ich Dir weiter vorne schon kurz vorgestellt, daher überspringe ich sie hier.

- **Dog Dancing:** Hierbei wird mit Deinem Hund eine Choreografie von verschiedenen Kunststücken, Kommandos und natürlichen Bewegungen einstudiert, die Dein Hund nacheinander passend zu einem Musikstück mit Dir zusammen ausführen muss. Die Zusammenarbeit mit Dir spielt dabei eine wichtige Rolle. Durch die riesige Bandbreite an Möglichkeiten, welche Du für die Choreografie hast, kann das auch mit älteren oder weniger sportlichen Hunden geschafft werden.
- **Obedience:** Die Französische Übersetzung von Obedience lautet „Gehorsam" und spiegelt den Kern des Sports gut wider. Bei dieser Sportart geht es um die perfekte Ausübung Deiner Kommandos durch Deine Französische Bulldogge. Es geht darum, meist grundlegende Kommandos oder das Apportieren auch auf größere Distanz präzise auszuführen. Gute Kommunikation zwischen euch ist dabei der Schlüssel zum Erfolg. Diese Sportart gehört zum

Bereich des Intelligenztrainings und eignet sich daher gut für eine Bulldogge, auch noch im höheren Alter.

- ☐ **Mantrailing:** Grundaufgabe ist hier die Spuren- bzw. Fährtensuche. Dein Hund muss dabei eine künstlich gelegte Fährte finden und selbstständig und mit gleichmäßigem Tempo verfolgen. Nasenarbeit ist hier also gefragt. Das trainiert seine Intelligenz und Ausdauer gleichermaßen und wird zum Beispiel in der Rettungshundeausbildung gerne eingesetzt.

- ☐ **Dog Frisbee:** Grundlage ist hier das Frisbee-Spiel. Du wirfst die Frisbee und Deine Bulldogge muss sie im Flug fangen. Im Sport werden hierbei verschiedene Disziplinen unterschieden. Teilweise muss die Frisbee möglichst weit fliegen, bevor sie gefangen wird, teilweise muss sie in einer vorgegebenen Zeit möglichst häufig geworfen und gefangen werden. Dies geht bis hin zu ausgeklügelten

> Choreografien, bei denen es auf möglichst trickreiche Würfe und spektakuläre Sprünge ankommt, die von einer Jury bewertet werden. Diese Sportart eignet sich vor allem für sehr ausdauernde Hunde, da die Kondition hier stark gefordert wird.

Wenn Dir die gerade vorgestellten Möglichkeiten noch nicht ausreichen, gibt es für Deine Bulldogge auch noch die Möglichkeit zur Rettungshundeausbildung und viele weitere Sportarten, die weniger bekannt sind, zum Beispiel Vielseitigkeitssport, Turnierhundesport, Dog Biathlon, Flyball, und viele mehr. Achte bei allem Training aber unbedingt auf ausreichende Ruhezeiten, damit sich Dein Hund vollständig regenerieren und auch mal entspannen kann!

Was Du unbedingt vermeiden solltest

Beim Hundetraining gibt es viele Fallstricke, die Du in der Erziehung Deiner Bulldogge unbedingt vermeiden solltest. Ansonsten wird sich kein Trainingsfortschritt einstellen und die Hundeerziehung wird zu einer unlösbaren Herausforderung. Versuche, diese Fehler von vornherein zu vermeiden, um es Deinem Hund so einfach wie möglich zu machen und euer gemeinsames Ziel möglichst schnell zu erreichen. Die häufigsten Fehler habe ich in der folgenden Checkliste zusammengestellt:

- ☐ **Missverständliche Kommandos:** Nutze immer das gleiche Kommando, rede nicht in ganzen Sätzen. Siehe Deinen Hund nicht als Gesprächspartner an.
- ☐ **Falsche Stimmlage:** Spreche mit spannender und aufregender Stimme, um das Interesse Deines Hundes zu wecken. Französische Bulldoggen können Stimmlagen erstaunlich gut deuten.
- ☐ **Fehlende Körpersprache:** Deine Stimme und Deine Körperhaltung müssen die gleiche Botschaft übermitteln. Wenn Du

schlaff und gelangweilt dastehst, sinkt die Wahrscheinlichkeit, dass Dein Hund auf Dich hört.

- ☐ **Fehlende Belohnung:** Belohne Deinen Hund immer, wenn er etwas richtig macht. Nur so kann er die richtigen Verknüpfungen herstellen und später immer wieder erneuern. Die Belohnung muss aber nicht immer ein Leckerchen sein, später reichen auch Schmuseeinheiten oder ein einfaches Lob.

- ☐ **Negative Bestärkung:** Schimpfe nicht mit Deinem Hund. Er wird es nicht verstehen und die falschen Schlüsse daraus ziehen.

- ☐ **Gewalt:** Eigentlich sollte es selbstverständlich sein, leider zeigt die Praxis immer wieder das Gegenteil: Gewalt ist ein absolutes No Go! Eine Erziehung durch körperliche Gewalt kann nie dem Tierwohl dienen und wird keine Bindung zwischen Dir und Deiner Bulldogge aufbauen.

- ☐ **Fehlende Konsequenz:** Konsequenz ist der Schlüssel zum Erfolg. Ziehe Deine

Regeln ausnahmslos durch, auch wenn es zuweilen anstrengend ist oder Dein Hund gerade so flehend schaut. Ohne Konsequenz wird das Training nicht funktionieren und Dein Hund wird Dich nicht als unbestreitbaren Rudelführer anerkennen.

- ☐ **Mangelnde Geduld:** Manchmal kann es lange dauern, bis ein Hund ein neues Kommando gelernt oder verstanden hat, was Du in bestimmten Situationen von ihm möchtest. Verliere nicht die Geduld! Steter Tropfen höhlt den Stein und bei genügend Wiederholungen wird Deine Französische Bulldogge irgendwann verstehen, was Du versuchst ihr beizubringen.

- ☐ **Ungünstiges Timing:** Vergiss nie, dass es bei der Belohnung auf das richtige Timing ankommt. Ansonsten machst Du jeden vermeintlichen Fortschritt direkt wieder zunichte. Lieber einmal gar nicht belohnen, als zu spät!

- ☐ **Falsche Rollenverteilung**: Wer ist bei euch der Rudelführer? Wer geht mit wem Gassi? Wer erzieht wen? Wenn Du Dir nicht sicher bist, wer von euch beiden der Chef ist, dann bist Du es nicht! Wenn Du aber nicht der unmissverständliche Rudelführer bist, wird Dir Deine Bulldogge niemals bedingungslos folgen.

- ☐ **Hund als Menschen sehen:** Siehe Deinen Hund auch als solchen an und nicht als Partner- oder Kinderersatz. Berücksichtige seine Bedürfnisse und stelle keine Erwartungen an ihn, die er nicht erfüllen kann. Akzeptiere Deine Bulldogge als Hund mit seinen ganz eigenen Stärken und Schwächen.

- ☐ **Rechtzeitig aufhören:** Beende das Training rechtzeitig, auch wenn Dein Hund noch keine Zeichen von Müdigkeit aufweist. Wenn Du es übertreibst, besteht die Gefahr eines ungesunden Aufheizens oder eine zu hohe geistige Beanspruchung, die dazu führt, dass die

Fortschritte während der Trainingseinheit von Deinem Hund nicht abgespeichert werden. Beende jedes Training mit einer Kuschelrunde, um einen positiven Ausklang sicherzustellen.

DIE NÄCHSTEN SCHRITTE

Für Dich und Deine Französische Bulldogge ist es nun wichtig, dass ihr das nun Gelernte umsetzt. Die nächste Checkliste soll Dir dabei helfen, einen guten Start zu erwischen und das theoretische Wissen schnell in die Praxis umzusetzen. Folgende Punkte sind dabei wichtig:

- ☐ **Eine Methode zum Start:** Suche Dir aus den vorgestellten Trainingsmethoden eine Methode aus dem Körper-, Intelligenz- oder Funtraining aus, die Du Dir für Deinen Hund gut vorstellen kannst und mit der Du beginnen möchtest.

- ☐ **Die Ablenkung erhöhen:** Starte jede neue Übung zunächst im Haus, wechsle dann auf das Grundstück und trainiere dann erst im Park oder Wald. So kannst Du die Ablenkung nach und nach steigern und überforderst Deinen Hund nicht.

- ☐ **Langsam aber stetig:** Wenn Du mit dem Training an einer Stelle nicht weiterkommst, gehe einen Schritt zurück und trainiere zunächst den vorigen Trainingsschritt erneut. Vermutlich hat Deine Bulldogge diesen Schritt noch nicht so gut verinnerlicht, wie Du gedacht hast. Vertage das Training notfalls, vielleicht ist Dein Hund einfach schon geistig oder körperlich erschöpft.

- ☐ **Professionelle Hilfe:** Wenn Du mit Deinem Training partout nicht weiterkommst oder es ein Problem gibt, das Du nicht gelöst bekommst und bei dem Du Gefahr läufst, es nur noch schlimmer zu machen, wende Dich an einen professionellen Hundetrainer oder an Deine Hundeschule. Hier erhältst Du schnelle Hilfe oder zumindest einen guten Rat.

- ☐ **Optimiere Deine Methoden:** Hinterfrage Dich und Deine Trainingsmethoden laufend. Überlege, wie eure Trainingseinheiten laufen und was Du vielleicht noch verbessern kannst, um die Bindung zu Deiner Bulldogge zu stärken und die Trainingsfortschritte zu beschleunigen.

Es ist noch kein Meister vom Himmel gefallen!

- ☐ **Professioneller Sport:** Wenn Du die in diesem Buch vorgestellten Trainingsmethoden weitgehend umgesetzt hast und Dein Hund diese Techniken beherrscht, kannst Du überlegen, den nächsten Schritt zu gehen. Wenn ihr eine neue Herausforderung sucht, könnt ihr an Turnieren teilnehmen, euch mit anderen messen und viele Gleichgesinnte kennenlernen.

- ☐ **Weitere Literatur:** Wenn Du zu einem bestimmten Thema einen sehr tiefgehenden Einblick bekommen möchtest, gibt es auf dem Markt viele gute und detaillierte Bücher, die sich nur auf ein spezielles Thema konzentrieren.

- ☐ **Die 72-Stunden-Regel:** Wissenschaftliche Studien haben gezeigt, dass fast 99% aller Vorhaben und Absichten, mit deren Umsetzung Du nicht innerhalb von 72 Stunden startest, niemals umgesetzt werden. Meine eigene Erfahrung bestätigt das voll und ganz. Daher solltest Du mit der ersten Trainingsmethode auf jeden Fall innerhalb der nächsten 72 Stunden starten oder zumindest die Umsetzung angestoßen haben. Deine Trainingsmethoden müssen nicht sofort perfekt umgesetzt sein, aber es ist wichtig, dass sie angestoßen wurden und nach und nach verbessert werden.

- Kapitel 9 -

Fazit

Gratulation! Du hast Dir jetzt eine große Menge an Wissen angeeignet, mit dem Du die Beziehung zu Deiner Französischen Bulldogge von Grund auf erneuern kannst. Du bist jetzt in der Lage, sie nicht nur körperlich, sondern auch geistig auszulasten und zusätlich hast Du noch ein paar lustige Tricks gelernt.

Du weißt jetzt:

- Was Hundetraining wirklich ist
- und wieso es speziell für Deine Französische Bulldogge so wichtig und nützlich ist.
- Du kennst den Unterschied zwischen Körper- und Intelligenz-Training.
- Du weißt, worauf es beim Körper-Training ankommt und wo seine Vorteile liegen.
- Du hast eine Schritt-Für-Schritt-Anleitung erhalten, um sofort mit dem Apportier- und Reizangel-Training zu beginnen.

- Du weißt, dass diese beiden Trainings zwar den Jagdinstinkt Deiner Französischen Bulldogge fördern können, Dich aber auch gleichzeitig dazu ermächtigen, sie in einer Reizlage unter Kontrolle zu halten.

- Zudem kennst Du noch weitere Methoden des Körper-Trainings, wie Agility-, Treibball- oder Longiertraining. Du weißt aber auch, dass Du diese Trainingsmethoden besser unter der Aufsicht eines erfahrenen Trainers ausführst und nicht in Eigenregie.

- Du hast gelernt, was das Intelligenz-Training ausmacht und welche Vorteile es hat, wenn Deine Französische Bulldogge darin trainiert wird, eigenständig Aufgaben zu lösen.

- Du weißt, wie Du die Futtersuche, das Geruchstraining und das Gedächtnistraining Schritt für Schritt mit Deiner Französischen Bulldogge üben kannst, und kennst zudem noch viele weitere Aspekte des Intelligenz-Trainings.

- Abschließend hast Du noch einige Übungen kennengelernt, die zwar mehr der Unterhaltung dienen, Deine Französische Bulldogge und ihre Konzentrationsfähigkeit aber dennoch stark fordern und fördern.

Du hast mit diesem Buch eine Anleitung an die Hand bekommen, wie Du aus Deiner Französischen Bulldogge nicht nur einen Begleiter Deines Lebens machst, sondern tatsächlich einen Mitgestalter und Freund.

Sobald Du anfängst, die in diesem Buch vorgestellten Methoden in euren Alltag zu integrieren, wirst Du merken, wie sich eure Beziehung verändern wird. Ihr werdet ganz anders aufeinander achten und vor allen Dingen wird Deine Französische Bulldogge viel ausgeglichener sein, weil sie genau entsprechend ihrer Rassenmerkmale trainiert wird.

Ich wünsche euch beiden viel Spaß und Freude dabei zu entdecken, wie sich eine Mensch-Hund-Beziehung gestalten kann, wenn Du bereit bist, etwas Zeit und Mühe zu investieren.

BUCHEMPFEHLUNG FÜR DICH

Hole Dir jetzt den ersten Teil und erfahre, wie Du Deinen Französischen Bulldoggen Welpen trainierst!

FRANZÖSISCHE BULLDOGGE ERZIEHUNG – Hundeerziehung für Deinen Französischen Bulldoggen Welpen

Hundeerziehung wird häufig:

» ... mit dem klassischen Abrichten eines Hundes verwechselt

» ... nur für anspruchsvolle Hunde als notwendig erachtet

» ... als zu schwierig angesehen, um es ohne Erfahrung zu schaffen

Doch was macht Hundeerziehung wirklich aus und wofür ist sie überhaupt gut? Und wie können Deine Französische Bulldogge und Du auch völlig ohne Erfahrung davon profitieren?

Das Wichtigste ist, erst einmal zu verstehen, wie ein Hund seine Umwelt wahrnimmt, was für ihn „normal" ist und wie Du das für Dich nutzen kannst. Darüber hinaus sind die Eigenheiten einer jeden Rasse entscheidend, wenn es um die spätere Erziehung geht. Deine Französische Bulldogge weist beispielsweise andere Charaktereigenschaften als ein Chihuahua auf und genau diese Unterschiede sind in der Hundeerziehung schwerpunktmäßig zu berücksichtigen.

Sei gespannt auf viele Hintergründe, Erfahrungsberichte, Schritt-für-Schritt-Anleitungen und Geheimtipps, die sich maßgeschneidert auf Deine Französische Bulldogge beziehen!

Hole Dir jetzt Teil 3 und erfahre, wie Du Deine Französische Bulldogge richtig pflegst, ernährst und vor Krankheiten schützt!

FRANZÖSISCHE BULLDOGGE PFLEGE – Pflege, Ernährung und Krankheiten rund um Deine Französische Bulldogge

Hundepflege wird häufig ...

» ... unterschätzt und als unnötig erachtet.
» ... einzig auf die Fellpflege reduziert.
» ... von vielen Haltern fast gänzlich vernachlässigt.

Doch was macht die Pflege Deines Hundes wirklich aus und wie ernährst Du Deine Französische Bulldogge richtig? Und wie kannst Du Krankheiten und Parasiten frühzeitig erkennen oder sogar schon vorbeugend tätig werden?

Wenn Du wissen möchtest, wie und wie oft Du die Augen, die Ohren, das Gebiss, die Pfoten, das Fell und die Haut Deiner Französischen Bulldogge untersuchen solltest, dann ist dieser Ratgeber genau richtig für Dich. Du wirst lernen, was Du dabei zu beachten hast. Außerdem erfährst Du, worauf Du bei Fertigfutter zu achten hast und lernst auch die Vor- und Nachteile alternativer Ernährungsmethoden wie selbstgekochtem Essen, BARFen oder Vegetarismus und Veganismus kennen. Zusätzlich erhältst Du noch alle wichtigen Informationen über das Impfen und die

Kastration, um darauf aufbauend entscheiden zu können, ob es für Dich und Deine Französische Bulldogge das richtige ist.

Sichere Dir noch heute dieses Buch und erfahre...

» ... wie Du Deine Französische Bulldogge gesund und artgerecht ernährst,
» ... wie Du sie richtig untersuchst, pflegst und Krankheiten frühzeitig erkennst
» ... und das alles ohne vorherige Erfahrung in dem Bereich.

Hole Dir jetzt Teil 4 und erfahre, wie Du Deinen Familienalltag optimal auf das Zusammenleben mit einer Französischen Bulldogge abstimmst!

FRANZÖSISCHE BULLDOGGE UND KIND – Ratgeber zur Kind-Hund-Beziehung

Hund-Beziehungen werden häufig ...

» ... planlos angegangen.

» ... durch Unwissen unnötig gefährlich.

» ... ohne gezieltes Hundetraining verfestigt.

Doch was macht eine Kind-Hund-Beziehung wirklich aus und wie setzt Du die richtigen Weichen, damit es nicht zu Angst, Knurren oder Beißen kommt?

Mit diesem Ratgeber wirst Du lernen, welche Vorbereitungen Du schon während der Schwangerschaft treffen kannst. Außerdem erfährst Du, in welcher Altersstufe Dein Kind bestimmte Aufgaben übernehmen kann und wie sich die Kind-Hund-Beziehung über die Jahre verändert. Zusätzlich erhältst Du nützliche Tipps und Ratschläge, um Deinen Familienalltag optimal auf das Zusammenleben mit einer Französischen Bulldogge abzustimmen und Gefahren frühzeitig zu vermeiden.

Sichere Dir noch heute dieses Buch und erfahre...

» ... wie Du Deine Familie am besten auf den Neuankömmling vorbereitest,

» ... wie Du Beißen, Knurren und Angst von Anfang an vermeidest

» ... und wie Du sowohl Dein Kind als auch Deine Französische Bulldogge füreinander begeisterst.

HAT DIR MEIN BUCH GEFALLEN?

Du hast mein Buch gelesen und weißt jetzt, wie Du Deine Französische Bulldogge auch nach der Welpenphase noch trainieren kannst und somit eine enge Bindung zu ihr aufbaust. Und genau deshalb bitte ich Dich jetzt um einen kleinen Gefallen. Rezensionen sind bei Amazon ein wichtiger Bestandteil von jedem angebotenen Produkt. Es ist mit das Erste, worauf Kunden schauen und nicht selten geben die Rezensionen später den entscheidenden Ausschlag ein Produkt zu kaufen oder nicht. Gerade bei der endlos großen Auswahl von Amazon wird dieser Faktor immer wichtiger.

Wenn Dir mein Buch gefallen hat, wäre ich Dir mehr als dankbar, wenn Du mir eine Bewertung hinterlässt. Wie Du das machst? Klicke einfach auf meiner Amazon Produktseite auf folgenden Button klicken:

Dieses Produkt bewerten

Sagen Sie Ihre Meinung zu diesem Artikel

Kundenrezension verfassen

Schreibe einfach kurz, was Dir ganz besonders gut gefallen hat oder wie ich das Buch vielleicht noch besser machen kann. Es dauert nicht länger als 2 Minuten, versprochen!

Du kannst Dir sicher sein, dass ich persönlich jede Rezension lese, denn es hilft mir sehr stark dabei, meine Bücher noch besser zu machen und sie genau an eure Wünsche anzupassen.

Daher sage ich Dir:

HERZLICHEN DANK!

Deine Claudia

QUELLENANGABEN

Winkler, Sabine: So lernt mein Hund: Der Schlüssel für die erfolgreiche Erziehung und Ausbildung. 3. Auflage. Stuttgart: Kosmos Verlag

Schmitt, Annette: Französische Bulldogge. 2. Auflage. Stuttgart: Eugen Ulmer Verlag 2015

Posthoff, Anne: Französische Bulldogge. 1. Auflage. Stuttgart: Kosmos Verlag 2012

Keulert, David: Kleine Hunde richtig erziehen: Kompakt und auf den Punkt gebracht. 2. Auflage. Reutlingen: Oertel & Spörer 2015

Rütter, Martin; Buisman, Andrea: Hundetraining mit Martin Rütter. 2. Auflage. Stuttgart: Kosmos Verlag 2014

Fichtlmeier, Anton: Suchen und Apportieren: Denksport für Hunde. 1. Auflage. Stuttgart: Kosmos Verlag 2015

Schlegl-Kofler, Katharina: Apportieren: Das einzigartige Step-by-Step-Programm. 1. Auflage. München: Gräfe und Unzer Verlag 2018

Rütter, Martin; Buismann, Andrea: Hunde beschäftigen mit Martin Rütter: Spiele für jedes Mensch-Hund-Team. 1. Auflage. Stuttgart: Kosmos Verlag 2016

Theby, Viviane; Hares, Michaela: Das große Schnüffelbuch: Nasenspiele für Hunde (Das besondere Hundebuch). 2. Auflage. Nerdlen/Daun: Kynos Verlag 2011

Impressum

1. Auflage

Printed in Poland
by Amazon Fulfillment
Poland Sp. z o.o., Wrocław

94007588R00122